读客文化

不要老说气话啦

アンガーマネジメント
怒らない伝え方

［日］户田久实　著

林思瑜　译

文匯出版社

图书在版编目（CIP）数据

不要老说气话啦 / （日）户田久实著 ； 林思瑜译.
-- 上海 ： 文汇出版社，2022.7

ISBN 978-7-5496-3775-1

Ⅰ．①不… Ⅱ．①户… ②林… Ⅲ．①情绪—自我控

制—通俗读物 Ⅳ．①B842.6-49

中国版本图书馆CIP数据核字(2022)第097146号

ANGER MANAGEMENT OKORANAI TSUTAEKATA
by Kumi Toda
Copyright © 2015 Kumi Toda
Original Japanese edition published by KANKI PUBLISHING INC.
All rights reserved
Chinese (in Simplified character only) translation rights arranged with
KANKI PUBLISHING INC. through Bardon-Chinese Media Agency, Taipei.

中文版权©2022读客文化股份有限公司
经授权，读客文化股份有限公司拥有本书的中文（简体）版权
著作权合同登记号：09-2022-0234

不要老说气话啦

作　　者 /	[日] 户田久实	
译　　者 /	林思瑜	
责任编辑 /	戴　铮	
执行编辑 /	邱奕霖	
特邀编辑 /	贾育楠	潘轶君
封面装帧 /	朱雪荣	汪文景

出版发行 / 　**文匯**出版社
　　　　　　上海市威海路 755 号
　　　　　　（邮政编码 200041）

经　　销 /	全国新华书店
印刷装订 /	河北中科印刷科技发展有限公司
版　　次 /	2022 年 7 月第 1 版
印　　次 /	2022 年 7 月第 1 次印刷
开　　本 /	880mm×1230mm　1/32
字　　数 /	137 千字
印　　张 /	6.75

ISBN 978-7-5496-3775-1
定　　价 / 49.00 元

对于愤怒的情绪，你是否抱有以下这些看法呢？

"愤怒是一种不好的情绪。"

"愤怒是一种让人羞耻的情绪。"

"情绪化是一种不成熟的表现。"

"如果表现出愤怒情绪，就会被人讨厌。"

但实际上，这些都只是你的误解而已。

那么，事实究竟如何呢？

首先
——表达愤怒情绪并不会让人讨厌你

对于愤怒情绪，许多人都抱有一和负面的印象。

虽然使人产生这种想法的根源和背景各不相同，但是很大一部分人都是因为从小被教育"容易生气的人会被人讨厌"或是"对人发怒是一种不体面的行为"。作为一名企业培训的讲师，每天都会有各种各样的人来找我进行咨询。

☑ 例如，常常在愤怒的支配下说出过分的话，事后却又感到后悔。

☑ 被别人的喜怒情绪牵着鼻子走。

☑ 无法适当地表露自己的愤怒，在心里积攒了大量的愤怒后只能徒留悔恨："如果当时能说出来就好了……"

☑ 觉得"生气是不体面的行为"，于是无法向下属给出指导和建议。

☑ 一时的愤怒情绪无法纾解，心里就总有一道过不去的坎儿。

像这样的事例，不胜枚举。

经过了解之后，我发现抱有这些烦恼的人，几乎都是身陷于"不允许自己发怒"的桎梏之中的人。

所以，在本书中我想传达一个最重要的观点。

你可以感到愤怒。
愤怒是被允许的。

==愤怒是人类十分自然的一种情绪。==

感到愤怒并不是一件坏事。

相反，强行克制自己的愤怒，无视自己的愤怒，才是不自然的行为。

==对于有必要感到愤怒的事情，你可以发怒。==

==重要的是，你需要注意自己的表达方式。==

接近九成的商务人士，都承认自己会因为工作而感到愤怒 *。

虽然如此，但其中还是有很多人"不希望因为自己的愤怒而破坏周遭的人际关系"，甚至有越来越多的人正在变得"无法发怒"……

如果一个人无法向他人表达自己的情绪，任凭自己的愤怒不断累积，那么无疑会给自己的内心带来越来越大的压力。这种情况发展到最后，往往会影响自己的身心健康。

另外，愤怒情绪在长期的隐忍之后一次性爆发，会让自己的人际关系彻底破裂，无法修复。毕竟，人受到愤怒情绪支配时，往往会无法自控地说出过分的话。

因为从来没有人教过我们到底该如何处理自己的情绪，所以我们并不知道该如何表达自己的愤怒。

---

* 数据来自日本愤怒管理协会。

不知该如何处理自己内心的情绪，也不知该如何正确地传递给对方，所以人们才会陷入迷茫。

不过，如果大家掌握了处理情绪的方法，各位将会得到以下成果。

☑ 不再感到无谓的愤怒。

☑ 生活变得更加轻松。

☑ 不再活在焦虑烦躁之中。

☑ 不再因为自己的愤怒情绪而自我责备。

☑ 改善自己周遭的人际关系。

☑ 改善自己职场的氛围。

☑ 工作效率得到提升。

在美国，商界、政界、体育界、演艺界等各界人士，为了提升自己的生活质量和工作质量，改善人际关系，都会接受专门的心理教育，来提升自己处理愤怒情绪的能力。

如何处理以愤怒为首的各种情绪，以及如何适当地表达自己的情感，这两点在我们生活中的重要性，远超我们的想象。

对于以下这几类人，我特别推荐本书。

☑ **无法适当地表达愤怒的人。**

☑ **时常感到焦虑烦躁，却又找不到解决方法的人。**

☑ **认为自己"不可以生气"的人。**

☑ **因为不知如何对员工进行批评教育而感到烦恼的人。**

☑ **常常无法说出自己心声的人。**

☑ **想要克制自己的愤怒，进行理性交流的人。**

☑ **时常在过于情绪化之后又后悔的人。**

☑ **在易怒的对象面前感到紧张不安的人。**

☑ **想要在面对难相处的对象时，也能够从容应对的人。**

☑ 在面对不好相处的对象时，总是陷入沉默的人。

☑ 在和家人或亲近的对象交流时，常常无法保持冷静的人。

☑ 想要与人进行真诚、舒适的交流的人。

如果你掌握了正确的方法，能够控制住愤怒，与人理性交流，就不需要强行压抑自己的情感，也更能够得到周围人的信赖。在当下这样一个价值观更加多样化的时代，如果想要和不同的人和谐相处，那么以恰当的方式表达自己的情感就是你必须具备的一项能力。

"不想再压抑自己的愤怒，要把自己内心的话一吐为快！"

"不想再被他人的愤怒情绪牵着鼻子走！"

"想要变得更喜欢自己！"

"想要避免与周围人发生不必要的摩擦！"

如果你内心抱有这样的想法，那么请务必通过本书学习处理愤怒情绪的方法，掌握在不发怒的情况下表达愤怒情绪的方法，构建舒适健康的人际关系吧！

户田久实

2015 年 5 月

目　录

PART 1

"愤怒情绪"
究竟是什么

许多人都因不知该如何处理愤怒
情绪而烦恼。

在本章，我们会首先了解"愤怒情
绪"究竟是什么，以及我们该如何应
对"愤怒情绪"。

"愤怒情绪"是什么

让我们感到烦恼的烦躁焦虑以及愤怒情绪，究竟是一种什么样的感情呢？

- ○ 愤怒是人类非常自然的一种情绪。
- ○ 愤怒是无法被彻底消灭的。
- ○ 愤怒与喜悦、快乐、悲伤一样，都是人类感情的一种。

人类在自己的身心安全受到威胁的时候会产生愤怒的情绪。所以，愤怒也被认为是一种用来保护自身的情绪。

无论是什么人，都是会有愤怒情绪的哦！

愤怒情绪的特征

- 与其他情绪相比，愤怒情绪拥有更强的能量。
- 人更容易被愤怒情绪所支配。

↓

许多人都容易在愤怒情绪的支配下，说出让自己后悔的话。而且愤怒情绪比其他情绪更容易扰乱人的内心。

我们被愤怒情绪支配的原因

我们被愤怒情绪支配，主要有以下 3 个原因。

- 对于愤怒情绪，没有透彻的理解。
- 误认为"愤怒＝负面情绪""发怒＝错误的行为"。
- 出于以上两个原因，长期压抑自己的愤怒情绪，不直面自己的愤怒。

正是因为许多人都有上面的想法，所以才会认为愤怒情绪的处理十分棘手。因此我们首要的任务，是正确理解愤怒这种情绪。

只有这样，我们才能处理好自己的愤怒情绪。

愤怒背后潜藏的感情是什么

愤怒常常被叫作次级情绪。

因为愤怒本身是一种非常强烈的情绪，所以我们常常会忽视愤怒背后所潜藏的感情。在接下来的内容中，我希望能够帮助大家看到愤怒背后的"初级情绪"。让我来进行更详细的说明。

我们在生活中常常会有许多期待，如"希望事情这样发展"或是"希望事物呈现出某种样貌"，侸是当这样的期待或是理想落空的时候，当我们希望能被理解的想法不被理解的时候，我们常常会产生愤怒情绪。

在这时所产生的情绪，包括"悲伤""难过""失落""不甘""不安""困惑"等，就会一起涌现，交织成愤怒的情绪。

> 当自己被愤怒支配，气血上涌的时候，自己也无法看清愤怒背后的情感，表现出来的就只有愤怒这一种情绪。这样就算你真正想要传达给对方的感情，是愤怒背后的初级情绪，对方也没办法理解你。

愤怒是次级情绪

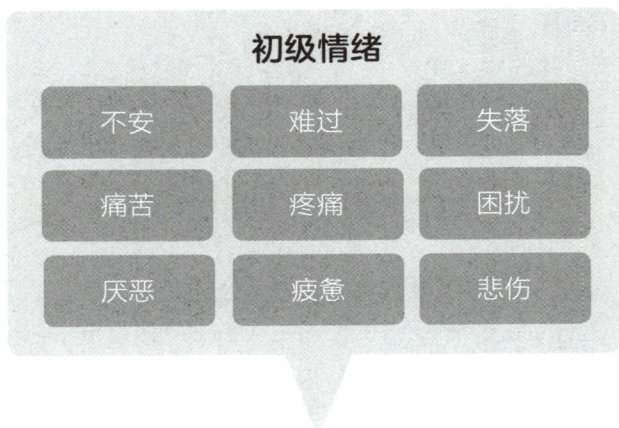

初级情绪

不安	难过	失落
痛苦	疼痛	困扰
厌恶	疲惫	悲伤

愤怒

想象一下你心中的情绪都被放进了同一个杯子里。

　　在感到愤怒的时候，我希望你能够想清楚自己到底在对什么感到生气，以及希望对方了解自己的何种心情，又该如何向对方传达这一切。保持冷静，将这几个问题考虑清楚是非常重要的。

生气是不好的事吗

我在前文也提到，许多人都把"生气"当作一件不好的事，并且因为发怒而产生罪恶感、羞耻感。这究竟是怎么回事呢？让我来为大家进行详细的解答。

对于自己的愤怒感到羞耻的原因

许多人从小就被教育，发怒是让人羞耻的事。

受各种经历的影响，认为生气是不好的事情。

许多人在发怒之后，常常会感到后悔，认为"没有必要生这么大的气"。这样的想法屡屡出现之后，就会慢慢地认定"生气＝不好的事情"。

但是，愤怒本身并不是一件坏事。

错误地表达愤怒才是问题所在。

最重要的是

分清楚应该生气的事和没必要生气的事！

面对应该生气的事，要明确地表明自己的愤怒；对于没必要生气的事，要在不生气的情况下解决问题。

关于愤怒情绪你需要了解的要点

感到愤怒是一件很正常的事。

发怒也是可以的。

愤怒并不是一种坏的情绪。

愤怒的原因究竟是什么

愤怒情绪的对象，有时是针对人，有时是针对物，也有时是针对事……无论对象是什么，我们感到愤怒的时候，都有一些共通的原因。

让我们感到愤怒的原因

某人　　　　　　某事　　　　　　某物

背后真正的原因是一个人无法让步的价值观

原则

让我们产生愤怒情绪的真正原因

原则

- 自己的期待和理想落空，无法实现时产生的情绪。
- 代表自己理想和期待的词就是"原则"。
- "原则"也代表了自己无法让步的价值观和信条。

你有没有产生过"×× 应该是这样""×× 应该这样做"的想法呢？

从过往的生活中，总结出各种各样的经验，从小接受的家庭教育也会让我们形成各式各样的经验。你有没有把这些经验，当成了普遍的常识或是理所当然的事情呢？这就是一个心理陷阱，让我们在无形之中陷入了打破原则的情绪当中。

因此，大家才会产生愤怒情绪，心里纳闷道："咦？！为什么？！不应该是那样的吗……"

原则是因人而异的

让自己感到愤怒的事情，对别人来说却并非如此，这样的情况时有发生。

当自己因为原则遭遇背叛而愤怒时，时常有人会说："正常来说应该……吧？！""这是理所当然的吧？！"但是事实上，对自己来说理所当然的事，并不能说明对别人来说也是同样如此。

这和自己的原则是否正确其实并没有关系。

自己多年来相信的东西，对自己来说就是正确的，是值得相信的。但是我们要知道，这些东西并不适用于所有人。

如果你经常感到愤怒焦躁，那么请务必好好地思考一下自己内心的原则。

只要明白了你自己内心所隐藏的原则，就能够妥善地处理自己的愤怒情绪。

时常有人认为"某个人让自己感到生气""某种情况让自己生气""某个组织让自己生气"，也就是将自己生气的原因都归结于外界因素，但事实上，愤怒情绪是从自己内心产生的。

愤怒的原因

理想　　落差　　现实

脱在玄关处的鞋子应该摆放整齐

不应该在电车里化妆

收到邮件应该在 24 小时内回复

原则的强硬程度也是因人而异的

"应该要守时""见人应该打招呼""做事应该遵守顺序"等，每个人都有各种各样的原则。

但是，每个人内心原则的强硬程度也都是不同的。

就拿"守时"为例来说一说吧。

规定 10 点就要开会

既有人认为"10 点前就要在会议室集合"；

也有人认为"10 点整去会议室就可以"；

还有人认为"因为要等全员到齐，所以 5 分钟左右的迟到是可以接受的"。

因此，有不少人会因为这样的个体差异，不由得产生愤怒情绪，在心里感到不满："咦？！凭什么？！"

梳理清楚自己内心的原则，并且评估这些原则的强硬程度，想一想这些原则与他人的原则是否相同。以上这些问题，如果能明确地传达给周围的人，想必就能够消除误解。

关于"开会的时间"的接受范围

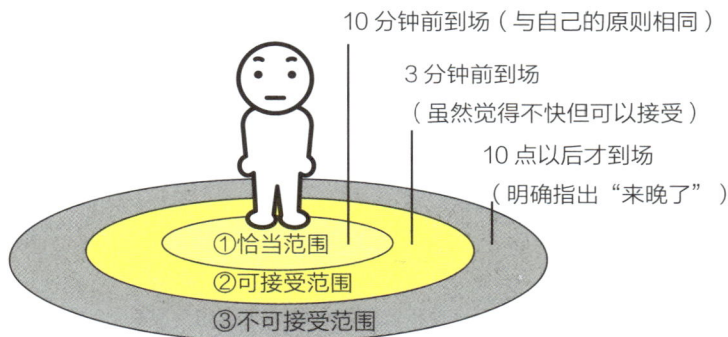

10 分钟前到场（与自己的原则相同）

3 分钟前到场
（虽然觉得不快但可以接受）

10 点以后才到场
（明确指出"来晚了"）

①恰当范围

②可接受范围

③不可接受范围

如果把你内心的可接受范围扩大，就能减少不快的情绪！

等到 10 点吧

①恰当范围

②可接受范围

③不可接受范围

明确划定有没有必要的界限

对于明确会生气的事情，要妥当选择自己表达愤怒情绪的方法；在不生气范围内的事情，就在不生气的情况下解决问题。

为了达到这样的目标，我们一定要明确划定"生气"和"不生气"的界限（也就是原则的边界）。对于需要长时间相处的对象，我们应该向他们声明自己原则的边界，在互相了解对方的底线的情况下交往。

希望大家注意的 3 个要点

1. 努力让自己可接受的范围扩大

如果自己的原则允许的范围过于狭窄，就很容易产生不快的情绪。

要先确认其他人是否也有同样的"原则"。也要反思一下，你周围的人是否了解你的原则，你是否曾经误认为自己的原则是无须明说，对方就已经能够了解的呢？

如果你完成了这两个步骤，自己内心能够接受的范围就会稍微扩大一些，减轻自己的不快情绪！

2. 努力向他人传达清楚自己原则的边界

如果把自己的原则当成了社会普遍适用的规则，内心的不快情绪就会增加！

所以我们应该向他人说明，自己到底有什么样的原则，自己希望对方能够怎么做。

在说明的过程中，应该避免"适当地""稳妥地"这样模棱两可的说法。

这样可以减少彼此之间的误解！

3. 努力让自己的原则的边界稳定不动摇

如果因为自己一时的心情变化，而随意改变自己的原则，会让他人也感到迷惑。

有不少人在心情好的时候，即使下属在会议上迟到3分钟也不会训斥对方；而在心情不好的时候，就算对方准时到场，还是会表示不满说："时间留得太少了。至少要5分钟前到场！"

所以请务必注意，不要因为自己一时的心情好坏，反复扩大或是缩小自己的可接受范围。

愤怒的 4 种特性

愤怒情绪有 4 种特性。只要了解了这几点，就能慢慢掌握处理愤怒情绪的方法。

愤怒的特性

容易从高处流向低处

容易传染

对越亲密的对象就越强烈

能够转化成动力

特性 1　愤怒情绪容易从高处流向低处

愤怒情绪容易从高处流向低处—愤怒会从力量更强的一方流向力量更弱的一方。

从立场、职位的角度来看，容易从上位者流向下位者。

从掌握的知识、信息量的角度来看，容易从掌握知识信息量更多的人流向知识信息量更少的人。

从话语权的角度来看，容易从话语权强的人流向话语权弱的人。

当上位者的愤怒流向下位者时，下位者往往无法直接向上位者进行反击。

而且愤怒情绪往往会流向相对弱势的一方。

因此愤怒情绪会形成连锁反应，从弱者流向更弱者。

当自己产生愤怒情绪，或是被迫接收了来自他人的愤怒情绪的时候，就要注意不要陷入愤怒的连锁反应，不要将愤怒情绪转移给其他人。

特性 2　愤怒情绪是会传染的

心理学上有"情绪传染"这样一个词。

包括喜悦、快乐、悲伤等情绪在内，人的感情是会传染给周围人的。

其中，愤怒是一种拥有特别强烈的能量的情感，所以比起其他情绪，愤怒有更强的传染性。

当你看到身边的人正身陷焦躁愤怒的情绪时，你自己是否也会产生同样的情绪呢？

例如，在烦躁焦虑的时候莫名其妙地叹气的人，在工作时心情不悦地大声敲击键盘的人，絮絮叨叨满口抱怨的人……

对此，希望你能注意以下两点：

努力让自己不被周围愤怒的情绪传染。

尽量不要让自己成为传播愤怒情绪的源头。

特性 3　对越是亲近的对象，愤怒情绪越强烈

　　人有一个特点，那就是对越亲近的对象，愤怒情绪就会越强烈。这是因为我们常常会误认为"自己能够控制与自己朝夕相处的人"。想一想，你有没有对身边的人产生过下面这些想法呢？

　　"就算我不说，你也应该明白。同样的事情还要让我说多少遍？"
　　"既然我们在一起这么久了，你当然要明白我对你的期待。"
　　"这种事情，一般来说都应该能察觉到。"

　　因为对对方的期待值提高了，所以也容易生出一些想要撒娇的情绪。
　　正因如此，就更容易对对方感到愤怒，愤怒的情绪也会更加强烈。所以越是对待自己身边重要的人，越要注意以下几点。

　　就算两人相处得再久，也是两个不同的人。
　　不同的人之间当然会有差异。
　　而且就算是再亲近的人，如果不把自己的想法说出口，对方也无法了解。

特性 4　愤怒情绪能够转化成动力

你是否有过这样的经历呢？例如在自己被嘲笑的时候产生了愤怒情绪，或是因为无法达到自己的目标而感到烦躁焦虑，于是暗自下定决心"一定要做出成绩来，你等着瞧吧"，最终真的获得了成功。

就像是把愤怒当作积蓄动力的弹簧，愤怒情绪可以成为我们把自己的目标付诸行动的契机。

愤怒有时会激励我们做出一些有建设性的行动。

前面提到的内容，是为了告诉大家"愤怒是可以被允许的"。但是如果你处在愤怒情绪之中时，感受到了以下 4 个倾向，那么就需要注意自己的愤怒是否有过度膨胀的风险了。

愤怒的强度过高
（1）陷入愤怒的时候，常常感觉无法控制自己
（2）开始发怒就没有办法停下来
（3）一旦发怒，就会演变成他人无法制止的强烈怒火

愤怒的频率过高
（1）因为各种事物而频繁地发怒
（2）经常表现出不快的情绪

愤怒情绪带有攻击性
（1）一旦发怒就容易发生责备他人、伤害他人的言语上的暴力
（2）容易责备自己，出现伤害自己身心的行为
（3）破坏、冲撞物品

有一定的持续性
（1）一旦开始发怒，短时间内就无法平复下来
（2）一定时间内听不进他人的话，长时间陷于不快的情绪当中
（3）想起过去的经历，当时的愤怒又会重新涌上心头

"愤怒"是什么

愤怒管理是 20 世纪 70 年代在美国被提出的一个概念。它指的是以管理好自己的愤怒情绪（与愤怒情绪和谐共存）为目标的情感认知教育项目。

这个项目在开发初始阶段，是为了矫正 DV（家庭暴力）和歧视，以及轻度犯罪行为而确立的。但是现在，这个项目已经被引入全美的教育机构和企业，被广泛地运用于改善教育场所、职场的环境，同时提升学习和业务的水平。

愤怒管理 = 妥善处理愤怒情绪的心理教育和训练

无论你内心觉得"如果当时没有发那么大的火就好了"还是"如果当时好好地发一次火就好了"，愤怒管理教育将会让你不再产生这样的悔恨之情！

愤怒管理是一种心理上的培训。

只要在行动上一步一步做出改变，就能够和自己的愤怒情绪和谐共处。

愤怒管理

愤怒

⬇

愤怒情绪

管理

⬇

不带来
后悔的情绪

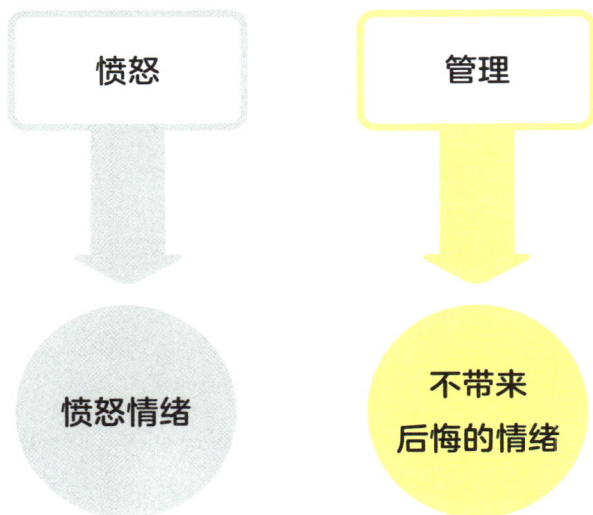

（定义来自日本愤怒管理协会）

愤怒管理在日本也有着极高的关注度，现在有许多教育机构和企业培训都引入了这个项目。

如果愤怒长期持续，会转变为仇恨情绪

如果愤怒情绪长期持续，不知不觉中会演变成仇恨情绪。愤怒和仇恨是有区别的。

"愤怒只是生理层面的一种情绪，但是仇恨就是病理层面的一种情绪。仇恨会让人产生伤害对方的欲望。"（摘自斋藤学的《家族依存症》）

正如上文所说，愤怒只是人的一种自然情绪，其根源是人"想要对方做××"的愿望。与此相对，仇恨情绪则包含着一种想要向对方施加伤害的意图。

如果你内心藏着无法忘怀的愤怒过往，请你务必学习一下如何进行愤怒管理。重要的是，要了解自己内心的愤怒倾向，以及自己愤怒的程度。

在生活中，有些人时常会让人觉得"他好像总是在生气"，但是自己却完全没有意识到。希望你不要让自己陷入这样的境地哦。

PART 2
无法恰当表达感情
常见的 5 大特征

不擅长与人交流的人，往往也不太擅长吐露自己的感情。那么这些人都有着怎样的共同之处呢？

1 将自己的愤怒情绪归因于外界

都怪那个人，事情才会变成这样的！

我这么烦躁都是因为职场环境！

这一类人，喜欢将自己愤怒的原因归结到外部因素，如"某人"或是"某物"。这样不仅无法平息愤怒，反而会让愤怒情绪不断加重。在这种情况下，人很容易说出责备他人的话语。

2 总是担心自己会被讨厌

这样的人常常会把"别人的想法"排在"自己的想法"之前。如果内心始终抱有这样的情绪，就会变得越来越难以把自己真实的想法说出口。

3　想要博得所有人的欢心

又开始了……

　　这类人八面玲珑，从不表达自己的真心，和他人心灵上保持着一定的距离，扮演着"老好人"的角色。如果长期这样下去，就无法与他人建立起真诚相待的关系，自然也就失去了和人深交的机会。

长时间压抑愤怒，某日突然集中爆发

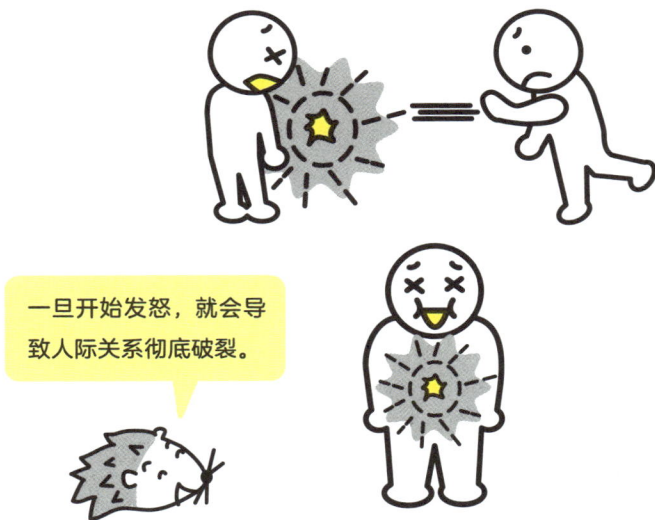

一旦开始发怒，就会导致人际关系彻底破裂。

　　"为什么就是不理解我呢"，心中的这个念头一旦变成愤怒情绪爆发出来，像气球炸裂一样。这种情况下会出现两类人，一类是突然爆发，将愤怒全都发泄到他人身上；另一类则是将感情压抑在心中，给自己的身心造成伤害。无论是哪一种，最终都会导致自己与周围人的关系恶化。

5 口无遮拦

话说回来，你好像总是这样。

你这一点很不好啊！

你也太胖了吧？

又来了……

丝毫不顾及对方的心情，说话总是口无遮拦。长此以往，不仅无法让对方理解自己真实的想法，还会伤害到周围的人。

愤怒情绪是可以被释放出来的

愤怒是一种非常自然的情绪，感到愤怒本身并不是一件坏事。

如果长期压抑自己的愤怒情绪，终有一天会超出自己能够承受的范围，内心的气球就会炸裂。甚至可能会导致神经性胃痛等身体上的不适，或是突然对他人发火等不合理的行为。

不仅如此，还有不少人因为长期压抑愤怒情绪，产生自我厌恶的感觉，对自己的容忍度变低。所以一定要注意，不要压抑自己的情绪。

比起强行压抑自己，我更希望大家能够掌握妥善表达的方法。

像是酗酒之类的自虐行为也是大忌哦。

切勿歇斯底里，杜绝高压政策

在与他人交流时，一方如果情绪激动地大喊大叫："你为什么不懂我？！"另一方只会觉得不知所措，从而让内心的距离拉远。

在交流的时候，要保持冷静，表达出"我希望你能明白我难过的心情"，这是非常关键的一点。

另外，也要注意不要向对方施加过大的压力，如"你为什么要这样做""这是不行的"，请避免这样的措辞。更好的交流方式是"我希望你能这样做"。如果你表达的情绪能让对方感受到共鸣，他们就能够更好地理解和接受你说的话。

当然，每个人的内心一定也希望"对方能了解自己的心情"，所以在表达自己的愿望之前，先听一听别人为什么会这样做的理由吧。

PART 3

恰当表达情感需要遵守的5条法则

能够建立良好人际关系的人，往往都是擅长表达自己感情的人。这些人都有什么样的共同点呢?

1 清楚地知道自己的底线

就能够减少双方的分歧

　　擅长表达感情的人，往往清楚地了解自己内心的底线。在自己觉得可以接受的范围内，会认为"虽然有不悦的感觉，但并不需要向对方表明"；如果接受不了，也能够下定决心"这是我不能接受的事情，所以必须说清楚"。因此，这样的人能够明确传达出自己的价值观，也能够减少他人给自己带来的负面情绪。

啊，原来是这样。对不起，我以后会注意的。

我希望你不要这样做。

34

2 有很多表达感情的词语

就能减少表达不当导致的误会

如果你语言的储备不够多，不仅对于自己内心的情感认知会变得迟钝，而且在面对他人时，会难以表达出自己的情感，造成不必要的误解。擅长表达的人，会有很多描述自己情绪的言辞，所以能够找到最合适的表现方式，让对方了解自己的内心。

内心有点受伤。

因为你不明白我的心情，觉得很伤心。

我不知道该做什么，感到很迷茫。

真来气!

笨蛋!

3　内心有一本自己的情感使用说明书

只要做到
这一点

就不会再因为不恰当的应对方式而后悔

　　擅长表达感情的人，内心都有一本针对自己感情的使用说明书。因此，每当愤怒涌上心头的时候，他们能够客观地看待自己内心的感情。不会把原因归结于他人，也不会感情用事；与人起冲突时，他们能找到最适当的解决方法。

4　学会当作没听到

只要做到
这一点

就不会再被他人的情绪牵着鼻子走

　　擅长表达感情的人，不会轻易地被他人的情绪支配。在他人向自己发泄怒火，说出一些让人不快的话语时，不会有过激的反应，当作没听到。只要能做到这一点，就不会因为一些不必要的事情而感到烦躁焦虑。

37

5 不要执着于自己内心的"理所当然"

只要做到
这一点

就能让对方听自己说话

　　擅长表达感情的人往往心里明白，对自己来说是理所当然的事情，对别人来说也许并非如此。只要头脑之中时刻意识到这一点，那么就不会说出"我的主张是正确的"诸如此类的话语。对方自然也就不会产生"我的想法被否定了"这样的情绪。在这样的情况下，双方才能够互相倾听对方真实的心声。

穿西装是当然的啦。

您穿的是西装呢。

表达愤怒情绪并不会招来他人的厌恶

如果因为感情用事，做出一些不恰当的行为，那么可能会让对方感到困惑。

但是清楚地传达出内心的感受，告诉对方你希望他怎么做，是与他人建立健康的人际关系不可或缺的一环。

双方都能传达真实感受，表达自己想让对方理解的东西，包括愤怒在内的负面情绪，这样的关系，才是真正健康的人际关系。

其实告诉对方自己的真实感受，并不等同于感情用事。并不是要一味地被感情支配，而是通过互相吐露自己的真实情绪，建立起一段真诚的关系。让我们尽早舍弃"如果表达了愤怒情绪，就会招人讨厌"这样的想法吧！

男性更注重纵向关系，女性更注重横向关系

因为男性自尊心很强，所以切忌对他们说出伤害自尊心的话语。

例如"连这种事也不懂吗？""连这种事也做不到吗？"这样的话是不可以的。在对话过程中，只要告诉对方"我希望你能这样做"就可以了。

对女性来说，建立起能够平等对话的关系十分重要。

如果一味地由一方作为主导，指示对方，批评对方，往往只会产生不好的结果。当然，用"其他人都这样说了"来施压也绝对不行。这样的话语会让人产生被排斥的感觉，让人觉得在"周围所有人与自己都是敌对关系"这样的情况下，无法与女性建立起良好关系。

女性内心往往会有这样一种强烈的倾向："希望对方能够了解自己的想法。"所以在与她们交流时，要着重表现出"是啊，你一直都很努力了"这样的谅解和体恤之情，意在建立起更加平等的关系。

PART 4

在不发怒的情况下表达愤怒情绪的10大要点

人的沟通交流方式主要分成3种。在本章中，我会向大家传授能够让我们在不发怒的情况下表达愤怒情绪的10大要点。

擅长表达的人会做的"主张式交流"

主张式交流是什么?

主张式交流是注重彼此主张和立场的一种交流方式

首先主张式交流意味着真诚、直率地表达出自己的想法。

同时,需要对方也以同样的方式,与自己进行平等、真诚的对话。这就是主张式交流。

最重要的是,在不相互谴责,也不谴责自己的情况下进行交流!

3 种沟通交流的类型

人在表达方式上大致可以分为 3 类

攻击性强的人

（攻击型）

被动的人

（被动型）

擅长表达的人

（主张型）

攻击性强的人（攻击型）

压制对方，强行推行自己的主张

沟通交流的习惯

- 单方面输出自己想说的话

- 压迫性强，情绪化

- 无视他人的情绪，一味推行自己的主张

- 得理不饶人

- 如果事情无法按照自己的意愿发展，会向他人发泄怒火

这类人的行为模式

- 将自己的地位置于他人之上

- 常常会以胜负为标准来判断事情

- 会在事后让对方感觉不好受

攻击性强的人常挂在嘴边的话

● 单方面地 ●

"为什么不向我报告？要说多少遍你才懂！"

"你这个人总是这样，不做家务，只管自己的事情！"

● 压迫性地 ●

"别说这些废话，赶快给我做！"

"为什么你总是什么都不懂！"

● 逼迫式地 ●

"这种时候，你这样回应不是理所当然的吗？！"

"你当然要把其他约定取消了来陪我啊？！"

● 得理不饶人 ●

"我说过这项工作要在期限内完成吧？
说好的事情怎么可以随意变更呢！"

"你白天没事情要做吧，那这种程度的家务总该做好吧？！"

● 胡乱发泄情绪 ●

大声地关门，大声地放下书

用周围人都能听到的音量大声叹气

（对着无辜的下属）"赶紧去干活！"

洗碗的时候故意发出丁零当啷的噪声

（对着孩子）"吵死了，离我远一点！"

被动的人（被动型）

压抑自己的情绪，放任对方

沟通交流的习惯

- 无法直接说出自己的想法
- 经常把"不好意思"挂在嘴边
- 说话拐弯抹角
- 不把话说完整
- 忍耐到了极限，也偶尔会爆发

这类人的行为模式

- 为了不引起纷争而不愿说出自己的意见
- 常常抱有"即便我说了对方也无法理解……"这样消极的心情
- 内心时常会想着"自己为对方做了这么多……"，以施恩者自居

被动的人常挂在嘴边的话

● 避免说出意见 ●

"为什么这个人总是这样呢……"

"反正我说了也没人能明白……"

"为什么我总是说不出口呢……"

● 找借口 ●

"这不只是我一个人的想法……"

"虽然这些话也不是我的本意……"

● 拐弯抹角 ●

"虽然我也不知道怎么办，但还是你来做比较好吧……"

"我也不知道该怎么决定，这也不是我自己一个人的想法……"

● 总是不把话说完 ●

"虽然我觉得紧急的事情还是马上报告给我比较好……"

"如果像这样突然改变计划，我这边也很困难……"

● 忍耐过后的爆发 ●

"为什么只有我一个人要忍受这些？！"

"你这个人！总是什么都不懂！"

擅长表达的人（主张型）

同时注重自己和他人的立场和主张

沟通交流的习惯

- 能够当面真诚、直率地提出自己的想法
- 在交流中能够听取别人的意见
- 能够互相让步，沟通过程中注重双方的情绪

这类人的行为模式

- 能够把自己真正想说的话，具体清晰、简明易懂地表达出来
- 在双方都能充分参与交流的情况下，一同解决问题

擅长表达的人常挂在嘴边的话

● 真诚、直率地表达 ●

"如果是这样的话，说实话，我也不知道该怎么办。"

"我本来很期待这次约会，你没有办法赴约我会很难过的。"

● 在交流中能够听取别人的意见 ●

"原来他是这样想的啊。对此我是这么认为的，你觉得怎么样呢？"

● 彼此让步 ●

"其实还有这样的替代方案，是不是也可以考虑一下呢？"

"为了以后的日子，大家一起出主意，想一个让双方都满意的做法吧。"

擅长表达的人即便和他人产生分歧，也不会直接妥协，而是会为了解决问题进行探讨和商议。因为他们十分注重这个商议的过程，所以往往能够得到他人的信赖。

攻击型和被动型的共同点

自我接纳的水平较低

被动型的人显然有自我接纳水平低、自卑的倾向。与此相对的，攻击型的人乍一看似乎是自我接纳水平高的，但事实上，正是因为自我接纳水平低，才会出于自我防卫的情绪对他人进行攻击。

正是因为与对方相比自信心不足，所以才会攻击对方。

对这一类人来说，被人指出错误，遭遇失败，或是不得不向人道歉，都会认定为自己"输了"。因此他们会不停地找借口，把原因归结于外部因素，并且进行攻击性的行为。也就是说，他们会为了让自己不在他人面前落于失败的境地，而向对方发动攻击。

自我接纳水平高、主动性强的人认为，即便承认自己的过失，也不会让自己的价值降低，所以反而可以坦然地承认自己的错误。

被动型的人会增强对方的攻击性

如果对方是攻击型的人，被动型的人会让对方的攻击性增强。

在对方攻击自己的时候，也要考虑到自己的相处方式是不是有什么问题。

擅长表达的人也无法让事情都按自己的想法发展

即便是用主张式交流与人沟通，也未必都能够得到自己想要的结果。

比如面对向自己抱怨的人时，或是在教训下属时，即便自己坚持主张式交流，对方也未必能轻易接受你的想法。

最后只能勉勉强强接受的情况当然也是存在的。

遇到这种情况，就应该调整自己的目标，如果能够始终和对方平等交流，把自己该传达的都真诚地传达到位了，那么就算达到目标了。

1 想清楚自己到底想要说什么

当愤怒涌上心头，让我们考虑清楚，自己到底对什么事物有着什么样的情绪，又希望对方做什么事情吧。

✔ "为了满足客户需要，这份资料我希望你能像这样做。今后我也想把更加重要的工作交给你，但是以现在的情形来看，说实话我还觉得不太放心。"

✖ "你进公司都已经第 3 年了，这种事情总该做得好吧。"

2 把自己真实的情绪用语言表达出来

比起用拐弯抹角的方式，真诚地表达出自己内心真实的想法，更容易获得对方的理解。

"休息日你总是出门在外，我一个人感觉好孤单啊。我也想和你出去玩。"

"你是觉得和朋友一起出去玩比和我一起出门更开心吗？"

3　把讨论的重点放在对方的行为上，而非人格上

比起针对人格，我们更应该针对对方的行为，表达自己的感受。这样对方能够更明确地了解自己需要改善的地方。

希望你能遵守团队的决定。

"你的性格也太随便了！"
"你这个人太散漫了。"

4 提建议时，具体说明希望对方如何改善

向对方提建议的时候，为了不产生误解，最重要的是要具体地说出自己希望对方如何进行改善。含混不清的表达方式可能会导致新的分歧。

✔

"明天的会面非常重要，我希望你能穿正装。"

✘

"穿得像样。"
"穿得稳妥。"
"穿得合适。"
"穿着打扮要符合成年人在职场的身份。"

5

多运用"我是这样想的"这类表达

当以"我"为主语进行表达时，能够更直接地将想法传达给对方。用"我是这样想的"来与对方进行交流时，对方也不容易产生被谴责的感觉，更容易接受你的意见。

"我希望你能够这样做。"

"你还是这样做更好！"
"周围的人都觉得你这样不好。"

会间接攻击他人的人

有些人也许不会当面、直接地攻击他人，但是会在事后或是间接地让人产生不好的感受。这类人具体会有以下这些行为。

- 说冷嘲热讽的话
- 说一些让人不好受的传闻
- 直接告诉他人"某人说了你的坏话"
- 会在背地里扯别人的后腿
- 做出厌恶的表情
- 做咋舌的动作
- 故意用别人能听到的音量大声叹气
- 故意在工作时发出噪声来发泄

常常出现这类行为的人，会让人觉得"不好相处"，逐渐变得无法与人平等地交流和沟通。虽然人在情绪化的时候，难免出现这些行为，但还是要多加注意。

如果你身边也有人有这样的习惯，请千万不要被这些人的情绪影响哦。

6 不仅要注意言辞，还要注意态度

不仅仅是言辞本身，说话时表现出的态度也会影响到与他人交流的效果。如果希望对方能够听进去自己说的话，那么请拿出认真的表情，直视着对方的眼睛来传达吧。

✔
"你对我说出那样的话，说实话我觉得很受伤。"

✘
嘴上说："我才没有生气。"说话的方式和表情却很不悦。

7 站在与对方平等的立场上表达

　　想要向对方传达自己的心情时，不要被立场和职场上的地位影响，把对方和自己当成两个平等的人来进行对话吧。不管是用自己的威严去压制和控制对方，还是以过度卑微的态度面对，都只会起到相反的效果。

✔

"抱歉，我对您突然的决定感到有些困惑。"

✘

"虽然我不知道以我的身份能不能说这种话……希望您不要觉得我有什么恶意……"

8 要在双方有来有回的对话中表达愤怒

当你感到愤怒涌上心头，想要向对方表达你的愤怒时，非常重要的一点是不要试图在言辞上彻底压制对方。要给对方也留下阐述自己想法的余地。不要让对话变成了躲避球一样的单方面攻击。

"我希望你能多关心一下孩子。我一个人身上的负担太繁重了，你可以花点时间和孩子一起出去玩吗？"

"你压根就没有考虑过孩子的事情，心里肯定只有你的工作吧！你根本就不配当父亲！"

9 不要以"自己绝对正确"为前提来说话

在与对方交流的时候，我们的目标并不是让对方承认我们是对的，对方是错的。我们所需要做的是向对方传达出自己的期望，表达自己希望对方怎么做。所以要在不发怒的情况下，让对方了解我们的意图。

✔ "在这种时候，要记得主动出击，不要让客人等着哦。"

✘ "一般来说这种时候我们都是先主动做些什么，你为什么偏偏不呢？"

10 当对方发怒时，不反应过激

当我们坚持要在不发怒的情况下，向对方表达情绪的时候，务必记住"对方的愤怒只是对方自己内心的情绪"。这样就不会被对方的态度牵着鼻子走，能够冷静地做出回应，防止两人的对话陷入毫无进展的争吵当中。

✔

"不好意思，请问你说的我不懂的东西，究竟指的是什么呢，请你告诉我吧？"
（冷静地、平缓地）

✖

"到底是什么？我做得还不够好吗？"
（陷入唇枪舌剑之中）
"……"
（为什么我要忍受这种话）

太长的建议就会变成说教

有些人在向对方提出"应该这样做""应该那样做"之类的提议时，总是会不知疲倦，滔滔不绝。

有这种倾向的人，往往是"不擅长教育别人"，"心底里其实并不想教育别人"。

也许是出于一片好心，想把自己总结出的经验全部传授给对方，但是可能会让对方觉得"我说到底还是不行"，或是给对方留下"喜欢啰里啰唆地支使别人干这干那，简直不胜其烦"的坏印象。

如果想要改善这一点，首先要注意不要一次性说太多建议，简洁地提一句"这样做怎么样？"或是"你觉得如何？"即可。

"说不出口"与"不说"是不一样的

在主张式交流当中，是有"不说"这个选项的。如果你内心感觉"希望对方这样做"，但是经过自己对于现实情况的判断之后，认为"这句话还是不说比较好"，这种情况下不说也是没关系的。但这种情况，与被动型人格常见的"说不出口"是完全不同的。

被动型的人因为害怕被人讨厌，所以该说的话也说不出口，这种情况下他们自己往往会在事后感到后悔。

但是主张式交流的人在做出"不说"的决定之后，是不会因为自己没有说而感到后悔，或是对自己或是他人产生谴责之情的。

说，还是不说，能做出判断的只有自己。能够在这个问题上果断地做出选择也是主张式交流的重要一环。

PART 5

9 种不同情绪下的
表达方式

即便是面对同一件事，不同的人感受到
的东西也是不同的。

那么，自己的感受到底应该如何表达才
算确切呢？

在本章中，我将为大家说明，当某种情感
涌上心头时，我们到底应该如何表达。

悲伤

　　悲伤之情常常出现在与所爱之人分离，或是失去某些事物的时刻。相比起羞耻、惊讶、愤怒等情绪，人们倾向于反复回顾自己的悲伤情绪，所以悲伤之情持续的时间相对更长。

✖ 责备或是推开对方

> 你为什么要做这种事？！

> 反正你肯定理解不了我的心情。

> 我没事。

POINT · 本来想让对方理解的心情，却无法表达出来。
· 对方也会因为这些话语而感到不快。

✔ **要告诉对方自己因为什么而感到悲伤**

你这样对我，我真的觉得很伤心。

现在我心里只觉得悲伤。

感到悲伤的原因

- ○ 被误解
- ○ 他人不遵守诺言
- ○ 他人不理解自己
- ○ 对方说了自己不喜欢的话
- ○ 失去了什么东西

POINT · 如果能具体说出自己悲伤的原因，就更容易让对方理解自己。

如果因为愤怒或悲伤而陷入混乱，就容易说出一些违心的话。让我们冷静下来，好好思考应该如何向对方表明自己的悲伤吧！

不甘

　　不甘这种情绪，常常会出现在自己明明努力却没有获得自己想要的结果时，或是没有得到他人的正面评价，无法获得他人认可的时候。

✗ **贬低对方**

> 像你这样的人世上要多少有多少。

> 这种事情我也做得到。

> 还挺努力的嘛。不过我也没抱什么期待。

POINT
- 用语言贬低对方是禁忌。
- 容易让自己看上去像是输了却还嘴硬。
- 最终只会导致他人对自己的评价降低。

✔ **单纯表达自己内心的感受**

> 下次我会更努力。

> 这次我明明这么努力，但是却没有得到想要的结果，其实真的很不甘心。

POINT
- 不把他人作为话题的中心，听上去更简洁。
- 应该把自己不甘的心情转变为下次努力的动力。

有人可以把不甘的情绪作为前进的动力，最终创造好的成果！

不过也要注意不要因为努力过度陷入职业倦怠哦！

不安

　　不安的心情，如"如果失败了怎么办……""地震了怎么办……""要是被人讨厌了……""万一拿不到养老金……"等，常常会在我们对未来抱有负面的、灰暗的想象时涌上心头。

✖ 一直把消极的话语挂在嘴边

> 如果发生了怎么办啊？

> 如果我做不到怎么办？那件事又该怎么办？

POINT
- 如果不知道自己因为什么而感到不安，不安的情绪只会越来越严重。
- 一直重复消极的话语，会让人觉得厌烦。
- 听的人也不会认真看待你遇到的问题。

✘ 否定对方的建议

> 不过……

> 但是……

> 就算你这么说……

把让自己不安的事情先写下来吧。

如果一味压抑不安情绪，会对身体带来不好的影响哦。

✓ **把重点放在解决方法上**

现在因为……而感到不安，我到底该怎么做呢？

我因为……觉得很不安，具体应该怎么做好呢？

POINT · 可以真诚地表明自己的真实心情。
· 同时注意把自己的眼光放在积极解决问题的方向上，这样就不会给对方带来不悦的情绪。

一心想着"不知道怎么办"，问题也得不到解决。我们需要养成主动思考"为了避免坏事发生，具体应该做什么"的思维习惯。

面对不擅长的工作或难以应付的人

先摆脱一些消极的想法，如"这个人一定会讨厌我""真是不情愿啊""TA 一定会这样想我"等。

不要故作姿态。

真诚地表达出自己希望对方怎么做。

表现出自己的平常心。

最后要注意表达自己的感谢，多说"谢谢""帮大忙了"这样的话。

如果能做到以上几点，就能够摆脱尴尬，自然地进行交流。

困惑

困惑的情绪往往会在自己不知道该怎么做，无法做出判断的时候，或是陷入意想不到的困境时涌上心头。

✖ 直接表达自己的烦躁情绪

> 咦……怎么回事？现在怎么办？

> 真是莫名其妙。

> 遇上这种事情真是让人头疼……

POINT
- 如果一味指责他人，只会越发陷入僵局。
- 不应一味发泄自己的不满情绪。

✔ 以冷静的态度，明确地表达自己的困境

> （如果遇到不好做判断的事情）
> 我不知道该怎么做，觉得有些迷惑。

> （对方说了攻击性的话）
> 我也不知道到底该说什么了。

> （对方的要求反复变化）
> 如果你反复改变主意，我们也不知道该怎么处理才好了。

POINT
- 有时候真诚地表达出自己当下的心情很重要。
- 如果对方变得有攻击性，一味地因为畏惧而忍受对方的话语并不会有正面的作用。
- 在话语中要表达出自己到底因为什么而感到困扰。

落寞

落寞这种心情，时常出现在你感觉到孤独，或是无法得到他人理解的情况下。

✖ 过多使用否定的言辞

> 谁都不理解我的心情。

> 反正没有人在乎我怎么样。

POINT
- 一旦陷入了自卑情绪，就会越发得不到他人的理解。
- 会给人留下"这个人真麻烦"的印象。
- 容易自己闹别扭。

✔ 说出你内心深处的真实感受

自己一个人孤零零的，感觉很孤独。

虽然期待对方能够理解我，但是事实却不如我所愿，让我觉得有点失落。

POINT
- 你可以直率地表达出自己感觉到很失落。
- 通过这种方式，可以让对方理解你的情绪。
- 坦诚地说出"落寞"的人，会让人觉得可亲近和可爱。

感到落寞是非常正常的事。能够接受自己的这种情绪也是很重要的。

失望

当事情没有按照你内心的预期发展时，自己就会产生失望这种情绪。

✖ 一味指责他人

> 为什么说话不算话呢！太差劲了！

> ……（一直表现出不悦，但却不说明原因）

> 为什么你总是让我失望呢！真是个指望不上的人。

POINT
- "你这个人！"这种有否定对方人格的意味，应该避免。
- 闭口不谈并不能解决问题，只会让对方感到迷惑。

✔ 说明自己是因为什么而感到失望

> 我本来很期待和你一起出去玩的。

> 所以你突然不能守约，我觉得有点失望……

POINT
- 坦诚地说明自己内心期待的是什么。
- 向对方表明自己失望的理由。
- 在进行索赔和投诉时，也可以使用这样的表达方式。

> 在进行索赔、投诉等流程时，让我们说清楚自己原本期待的是什么吧。

羞耻

有时发怒、失败等情况，会让我们觉得自己在公开的场合做出了不体面的行为，所以会产生羞耻、难为情的情绪。

❌ **情绪化地回应**

你突然说这种话我一点准备都没有！为什么你要对我说这种话！

在这么多人面前，不用说得这么难听吧！

这么丢脸的事情我做不了，为什么要让我做这种事啊？

POINT • 要注意切忌变得情绪化。
• 不要把这种情绪归结于外界的因素。

✔ 冷静地表达

你刚才提出的建议，我以后会注意的。但是我有一个请求，可不可以不要在那么多人面前批评我？今后如果有问题的话，希望你能单独和我说明。

POINT
- 不要当场发作，换一个时间和场合再进行说明。
- 冷静地表达出自己的诉求。

像是"你的裤子拉链开了哦"这种话，如果当着众人的面说出来就会让对方觉得羞耻，所以一定要单独提醒对方哦！

嫉妒

嫉妒的情绪，往往是针对自己身边的人。当某个人做到了自己无法做到的事情时，我们时常会产生这样的情绪。

❌ **与他人进行比较，并且说出消极的话语**

> 为什么非要和那种人搞好关系啊。

> 我明明对你那么好。

> 为什么只和那个人走得近。

> 明明我更努力。

> 真好啊，×× 这么受大家追捧。

也有不少人就是抱着想让他人的口碑下降的恶意，散播他人的坏话，在背后扯别人的后腿呢。

✔️ 学会把"我"作为主语

> 我看到你和××关系这么好，心里多少有点酸酸的呢。

> 我最近也在认真研究××，请务必给我一个机会，让我来做××。

> 我也想和××变亲近呢（语气开朗明快）。

POINT
- 把自己作为表达的主语。
- 不责备他人，坦率地表达出自己的感受，就能让对方更好地理解你。

如果你被自己的嫉妒心支配了……

当你的内心产生了嫉妒的情绪时，请仔细思考一下几个问题吧。

"你羡慕对方哪一点呢？"

"你心里在意对方哪一点呢？"

"是对方得到了自己无法得到的东西？还是做到了自己做不到的事情？"

当你在心中梳理清楚这几个问题后，接下来应该考虑的就是："为了做到这些，你应该怎么做呢？"

另外，只要你学会多关注"自己所拥有的长处"，就能够摆脱一心想和他人比较的心态。

后悔

如果你始终对过去的失败，或是过去错失的东西耿耿于怀，以消极的眼光回顾以往的经历，一心想着"如果当时那样做就好了"，那么你就会陷入后悔的情绪当中。

❌ **对于过去的事情过于耿耿于怀**

> 如果当时那样做就好了。

> 如果当时那样做，事情就不会变成这样了。

> 为什么我当时不那样做呢（或是为什么那样做了呢）？

POINT
- 总是提及无法改变的过去，听的人也会厌烦。
- 要避免反复的抱怨，让对方产生厌烦情绪。
- 如果总是后悔，那么内心也无法摆脱焦躁愤怒。

✔ 着眼于未来

> 下次一定要 ××！

> 毕竟发生过的事情已经无法改变了。

POINT
- 从失败中总结经验，运用在今后的事情上，更能够获得好感和认可。
- 与人交流时，要注意着眼于未来。
- 当你把视野放在未来的规划时，思考方式也会变得更加正面。

> 要谨记："过去和他人是无法改变的。能改变的只有未来和你自己。"

被愤怒情绪支配，无法摆脱

你是否觉得"最近总是很焦躁"？或是"以前并不容易生气的自己，现在却总对身边的各种事感到生气"？

这种时候，我们要学会洞察自己的内心。你的心就像是一个容器，里面可能装着悲伤、难过、不安、困惑、疲惫、寂寞等消极的情绪。

针对不同的事情，我们到底有怎样的感受。直面自己的情绪，一件一件地将它们分清楚。不要责备自己，承认自己内心真实的感情，并思考该如何应对这些情绪。

我们可以选择向他人倾诉自己的感情，也可以利用空闲的时间转换一下自己的心情。

PART 6
工作场合中的
表达方式

在工作场合中，我们常常需要协调整合各种人物和时间，所以也经常会有烦躁愤怒的时刻。

在本章中，我将为大家介绍在工作场合产生愤怒情绪后，该如何表达和应对。接下来，我会结合具体的用语进行解说。

"称赞"是什么

　　有许多人都曾经就"不知该如何夸人"这个问题，向我进行咨询。称赞他人这种行为，乍一看虽然是好事，但是有时候可能会带来意想不到的负面效果。具体是怎么回事呢？让我们一起来看一看吧。

称赞的弊害

- ○ 通过几句好话讨好对方，使对方按照自己的想法行动，以这样的动机去称赞别人，会被对方看穿你想要控制对方的意图。
- ○ 如果夸人时的言辞过于造作、不自然，就会让对方感觉"这个人说的话并不是真心的"。

在认可他人的时候，要表现出真正在鼓励对方

○ 这意味着给对方带去克服困难的活力。

○ 在对方状态好的时候，让对方更加焕发活力；在对
  方陷入低落状态时，则让对方打起精神。

POINT
- 不要抱着"让对方按照自己的期待行动"的意图。
- 关注对方的长处，坦率地表达。
- 关注并认可对方的付出，表达自己的感谢。

从结果上来看，是要让
对方从自己的内心鼓起
勇气。

不推荐的用语

❌ ××，真不愧是你。也帮我做一下吧？

POINT · 完全主观的评价。为了让对方为自己做事而说出虚伪的称赞。

❌ ××，你要是好好做还是能行的嘛！

POINT · 带有暗示对方"以往不行"的意思。
· 如果说话的人并不是自己认可或是喜爱的对象，那么被如此称赞反而会让人来气。

❌ 你居然能做到，真是不得了啊！

POINT · 以这样的口吻称赞他人会给人居高临下的感觉。

正确地鼓励他人

✔ 谢谢你帮我做了 ××，真是帮了大忙！

POINT · 把重点放在对方做出的贡献上。

✔ ××，真是太棒了！我也觉得很高兴！

POINT · 与对方感同身受，分享喜悦。

✔ 能够和你成为同事真是太好了！
能够有你这样的孩子，真是太幸福了！

POINT · 向对方的存在本身表达感谢。

"批评"到底是什么

有许多人都觉得批评教育别人是一件相当棘手的事。他们主要担心的问题是，"如果我批评了别人，会不会被人讨厌""会不会被当作职权骚扰""对方会不会辞职"等。有许多上司甚至因为这些，从未批评过自己的下属。

另外，下属也会产生这样的感觉："上司从来不批评我，是不是对我的成长没有期待呢""上司就这么放任我，觉得有些难过"等。

所以，在接下来的部分，我将为大家说明一下如何进行批评教育。

批评教育的目的和重点

- "批评"的动机，应该是为了想让对方有所成长，让对方的行动符合自己的期许。
- 你的目标并不是把对方彻底驳倒，让对方哑口无言，无法振作。
- 不能彻底否定对方的人格。
- 对于希望对方改进的点，应该明确地表达出来，并且说出自己希望对方这么做的理由。

批评他人时的禁忌用语

"为什么连这种事情都做不到？！"（刨根问底）

"老是迟到，你这个人生活太懒散了！"（否定人格）

"你出错，连带着我的口碑都会下滑！"（只顾自己）

其他禁忌

- 批评了几句就开始偏离重点
- 为了委婉表达，带着假笑说话
- 用恐惧感强压住对方
- 长时间地批评，一次性给出太多建议
- 情绪化地发泄
- 对别人冷嘲热讽

什么是"正确批评"

1 明确说明针对什么问题批评对方，并且告诉对方自己希望如何改善

"关于提交企划书的时间，我有一些建议，可以聊两句吗？这次你提交晚了几天吧。下次要记得在约定好的期限内提交哦，如果超出期限的话，就打破了和等着企划书的客户之间的约定。这样一来，我们就可能会失去客户的信任。"

2 在批评对方的时候，最好能够控制一次只说一个问题（请勿说了这点又说那点）

"我想和你聊一下提交企划书的时间这个问题。"

3 记得给对方改进的机会

"今后，希望你遵守提交企划书的期限。"

4 如果对方有自己的难处，要懂得倾听

"如果你有什么难处，没法按时提交，可以告诉我。"

"今后如果遇到了这种情况，希望你能提前和我商量。"

并不是一味地要驳倒对方，而是要让对方觉得"下次还有机会，以后一定要改正"！

批评不会主动道歉的人

✖ "为什么不道歉？正常情况下这种时候要主动道歉啊！"

POINT
- 不建议大家把"正常情况下"挂在嘴边。
- 以"为什么"开头训斥对方时，对方只会越发地不愿意道歉。

✔ "这种时候，最好还是先道歉。"

"我明白你可能有一些难处，但是对于自己给对方带来的麻烦，还是先道歉比较好。要不然，无论你遇到什么问题，对方都不会愿意倾听你的声音。"

POINT
- 把重点放在对方做出的贡献上。

批评总是闲聊的员工

✖

"能不能工作再利索一点。"

"别老是说些废话，赶紧去干活。"

POINT
- "利索"这样的词有些过于模糊了。
- "废话"这样的说法，会让人产生逆反心理。

✔

"在工作时间，请把注意力放在工作上哦。

到了休息时间再聊天吧。"

POINT
- 明确传达出自己希望对方怎么做。
- 不要没完没了地批评对方，简洁明了地说出自己的诉求。

被上司批评没有干劲

❌

"对……对不起……"（畏畏缩缩地）

"我明明很努力！"（直接反击）

"这有什么办法？工资这么低，我要怎么拿出干劲啊？"

"……"（内心默默积攒怒气）

✔️

"您说的没有干劲，主要是指我的哪些行为有问题呢？能请您告诉我吗？"

POINT
- 冷静地回应。
- 不要被对方情绪化的说话方式激怒。
- 仔细询问对方到底想要传达什么。

批评不主动接电话的员工

✖

"……"（说不出口批评的话）

"大家都忙着呢，电话你总该主动接一下吧？"

✔

"××，如果办公室的电话响了，希望你能主动接一下哦。"

"如果电话响了 3 声这边还没有接起来的话，会给客户留下不好的印象，所以需要你多帮忙了哦。"

POINT · "希望你多帮忙"这样的说法是一种比较温和的正确请求方式。

下属说话缺少分寸感

❌ "……"（感到不快，但无法开口训斥对方）

"你这个人说话真是没大没小。"

✔️ "毕竟我们在职场上的立场不同，所以不能像你现在这样说话，最好能更礼貌客气一些哦。如果让其他的同事和客户听到了，可能会对你留下不好的印象哦。"

POINT
- 态度要认真。
- 说清楚自己希望对方怎么做，并且说明原因。
- 不要情绪化，冷静地表达。

如果一直不说出口，可能会因此变得讨厌对方。

想要阻止上司反复唠叨同样的话

✖

"之前已经说过一样的话了哦。"

"又是这些话啊，都已经听了 5 遍了。"

POINT
- 切忌说出让对方难堪的话语。
- 注意不要影响到今后与对方的关系。

✔

"是啊，这真是太好了。话说回来……"

"是的呢。"（说完马上离开座位）

POINT
- 表面上接受对方的话语。
- 不动声色地、自然地转换话题是正确的做法。
- 简单附和之后，主动离开现场也是一个选项。

如何与情绪不好的同事相处

✔ "早上好！"
"辛苦了！"
（不要被对方的坏情绪影响，自然地打招呼）

✔ "那××就拜托你了。"（当你不得不拜托对方做某项工作时，要简单明了地表达自己想让对方做什么）

✔ 如果不是非常必要的情况，不和对方进行交流也是一种选择。

POINT
- 不要让对方的愤怒情绪影响到自己的言行。
- 进行必要的交流时，要尽量简洁明了。
- 要明白对方的情绪是来自对方内心，与自己无关。

✔

"××，我发现你今天看上去心情不太好，一直想问问你，出了什么事吗？××，你的一言一行都会影响到我们的职场，让人心里有点在意呢。我觉得如果可以的话，还是尽量不要在职场上表现得太情绪化吧。"

如果对方的行动给职场氛围带来了明显的负面影响，明确地向对方说清楚也是一种选择。但是在向对方说明之前，要在心里想清楚无论对方做出什么样的反应都会变成自己的责任哦。

我们无法控制他人的愤怒情绪。只能尽量让自己不受对方情绪的影响。

有些人总会否定你的人格

例　上司批评你："你提交的报告书错别字太多了，下次上交之前能不能检查一下？你这个人真是派不上用场！"

✖　"反正我这个人就是派不上用场！"

✖　闹别扭，发脾气。

✖　拿别的东西出气。

POINT　· 会让人觉得你不够成熟。
　　　　· 会让人认为你没有改正错误的认识。

✔ 　学会无视"派不上用场"这样的话。

✔ 　"关于报告中错别字比较多的问题，我真的非常抱歉。以后一定会多加注意，改正这个问题。但是，'派不上用场'这样的说法有些伤人，我觉得很受打击。"

POINT
- 冷静地表达自己内心真实的感情。
- 不把驳倒对方作为自己的目标。

批评的声音虽然不好听，会让人觉得受打击，但其中也许包含着自己应该改进的问题哦。

让不负责任的上司帮忙

❌ "您好歹也是这个项目的负责人，别什么事都甩给下属，自己也出点力吧。"

✔️ "不好意思，可以麻烦您做一下××吗？如果由您来出面和别的部门进行交涉，工作应该能够进行得更顺利。"

POINT
- 表达出具体希望对方做什么，并且说出需要对方帮忙的理由。
- 态度上不责备对方，而是摆出希望借用对方的力量的姿态。

教育只会抱怨的下属

✖ "大家都说你每天满口怨言哦。"

✔

"话说回来……"（自然转换话题）

"××，我明白你有很多不满，如果你遇上了什么问题，你也可以随时来找我商量。不过一直听你发牢骚，实在是有点心累了。"

POINT
- 把对方的牢骚话自然地引到不会让自己厌烦的题上。
- 离开那个场合。
- 不直接否定对方，只表达出自己听对方抱怨时感受。

已经决定的事情被同事随意更改

❌

"为什么不按照我们事先商量好的来呢？大家都遵循共同决定好的内容，这不是理所应当的吗？"

✅

"这样更改我们事先决定好的事项，我们这边也有点头疼。像这样反复更改，也是对时间和成本的浪费，甚至还可能会影响到其他同时在进行的项目。"

POINT · 说清楚自己感到困扰的具体原因。

他人因偏见否定自己准备的材料

✗

"好的，我明白了……"

（陷入沮丧情绪，但又不知道具体该怎么做）

"我知道了！"（发泄不满）

"唉"（发出刻意的叹息声）

POINT
- 不被对方情绪化的表达所激怒。
- 向对方询问具体的问题是什么。

✓

"我明白了，我会重新做一份。想问一下，具体是哪些地方让您觉得有问题呢？"

如果一直不说出口，可能会在心里留下一道过不去的坎儿。

下属因态度不佳被客户投诉

✔

"其实我收到了客户的投诉，客户对你在电话交流时的态度不太满意。所以，为了避免以后出现同样的问题，我想和你一起解决这个事。首先在接电话时，应该主动报上自己的姓名。挂电话之前，也要重申一遍自己的姓名。另外，正如公司要求的那样，我们应该带着礼貌的笑容和客户接触。"

POINT
- 告知下属收到投诉的事实。
- 告诉下属具体应该如何改进。

同事外传自己的私事

✔

"××的事你告诉别人了吧？这件事是我的私事，不想让公司里的其他人知道，所以请你不要告诉别人了。"

POINT
- 说明自己已经知道了对方将自己的私事告诉他人的事情，并且表明希望对方今后怎么做。
- 表达出自己内心的真实想法和感受。

批评容易受挫的下属

❌ "××，我不是说了工作要按照计划一步步进行吗？所以我才不放心把下一步工作交给你啊！"

✔️ "××，比起一开始的时候，我现在能够把更多工作交给你了，真为你高兴。以后，为了应对更进一步的工作内容，我希望你能够制订好计划再开展工作。这样做，不仅你可以按照计划一步步推进，我也可以更好地了解你的工作进度。"

POINT
- 开头要对下属做得好的部分予以肯定。
- 把对方作为公司重要的一名成员，表达自己的期待。
- 态度温和地说出自己最希望对方改进的一点。
- 最后，陈述自己希望对方如此做的理由，让对方更能够接受自己的建议。

批评有逆反心理的下属

✗

"××，如果可以的话，这一点尽量改进一下吧……"（看对方脸色说话）

"我知道这些话可能不太好听，但是我觉得你还是得注意一下这一点啊！"（言辞交锋）

✓

"关于 ×× 你是那样想的吧。但是，这一点是不是改进一下比较好呢？这样做的话，我觉得大家应该更能认可你哦。"

POINT
- 接受对方的话语。
- 简洁地传达自己想让对方做的事。
- 向对方说明，这样做对方能够获得什么样的好处。

向自尊心强的人提建议

"××……如果可以的话……能不能请你帮忙……大家会很感谢你的……"（战战兢兢地）

"×× 自尊心太强，真难合作。"（在背后说人坏话）

"××，谢谢你一直在工作上尽心尽力。为了让工作推进得更顺利，×× 这项业务能不能这样进行？这样我们的工作会好做很多。麻烦你了，谢谢。"

POINT
- 表达感谢之情。
- 明确地表达出自己想要拜托对方做的事情。
- 用开朗的笑容和"麻烦你了"这样的句子收尾。

向容易闹别扭的同事提建议

✖

"你闹什么别扭啊？"

"你这个人，真容易闹脾气啊！"

✔

"希望你能明白，我是因为对你的未来抱有期望，把你当作我们重要的成员，才这样苦口婆心。"

"如果我不把你当回事的话，就不会说这种话了。"

POINT
- 用具体的话语表达出对对方的重视。
- 不要否定对方的价值和人格。

向容易迁怒于他人的同事提要求

✖

"……是吗……果然还是不行吗……"

（对这个人说不出口……）

"……"

（为什么这个人总是把火撒在别人身上）

✔

"我是为了这个目标，所以想把这项工作交给你。我明白，你会觉得困难也很正常。但是，就算再难，由于这些原因，还是想拜托给你。所以，麻烦你了。"

POINT • 面对对方的愤怒，态度不动摇。
• 冷静沉稳地，反复向对方陈述自己的理由。

"只要发怒，就能解决事情"的想法是错误的

有不少人会为了操纵对方，让对方受自己的控制而发怒。

大声威吓对方，在职场上用自己的地位压制对方，挥舞着所谓制度和规定的大棒来发泄愤怒……

在这种情况下，对方也许会暂时地受自己摆布。但是一旦自己给对方留下了"情绪化""棘手""强势"等印象，在今后的交往中，就很难再建立起信任关系。

如果任由愤怒情绪所支配，不仅是对方，自己也会在事后产生不好的感受。所以我们一定要注意选择用恰当的方式表达愤怒。

批评重复犯错的下属

✕

"到底要我说多少遍你才能听得懂？正常人
说一遍就够了吧！"

POINT
- 这样无法传达出自己希望对方如何改正。
- 即便是情绪化地否定对方，也无法激发出对方想
  要改进的欲望。

如果对方的反应比较平淡，就会
让人忍不住说重话呢。

✔

"××，下次从客户那儿回来之后，最好能马上把报告交给我。如果我们手上信息没有做到同步共享，容易失去客户的信赖。如果信息不共享的话，一旦遇到什么问题，我们部门也很难及时应对。所以，我希望你在客户那边获得信息之后，要尽快汇报给我。"

POINT
- 时刻记得自己为什么要让对方改进某一点。
- 清楚地表明，这件事做对了会有什么好处，做错了会有什么危害。
- 自己希望对方做到的事情，要放在开头和结尾，重复两遍。

虽然教育那些一再犯错的人会比较辛苦，但是对于这样的人还是要有耐心，反复地教导哦。

让对方更愤怒的话语

在我们和他人对话的过程中，有一些特定的语句会激化对方内心的愤怒情绪。

来看看你有没有把以下说法挂在嘴边吧！

> 我知道你的意思。

> 就算是这样……

> 这是误会了。

> 这可不是我们的责任。

> 我早就跟你说过了吧！

> 这我做不到。

> 正常来说都会这样做吧。

先从不否定对方的话语开始吧

例如在工作上受到批评的时候，或是与他人意见有分歧的时候，我们总会不由得想贯彻自己的想法。在这种情况下，大家就很容易说出上一页当中出现的语句，你是否也有这样的经历呢？

这时，与我们发生争论的人也会变得情绪化，直接地反驳自己。如果发展成这样的情况，对方很有可能会认为"你无法接受我的观点""不愿意倾听我的想法"，最后放弃交流和沟通。当一个人认为对方无法接受自己的意见时，往往也会变得听不进对方的意见。

所以我们最好是先抱着"你说得也没错"的想法，先同意对方的看法，或是至少表现出理解对方想法的姿态。

这样的姿态不会一味地激化矛盾或愤怒情绪，在交流当中是非常重要的。

当你想要让对方倾听你的意见时，不如先听一听他人的意见吧。

下属不满被批评，毫无悔改之意

✖

"你有什么可不满的？"

"我早就提醒过你仪容仪表的问题吧？为什么就是不改正？话说回来，你这个人对工作也没什么积极性吧！"

"××，大家都认为你的仪容有点问题。"

POINT
- 过于情绪化。
- 谈话内容偏离了讨论重点。

✔ "男性同事和男性客户也在场的情况下，如果把领口开得太大，会让人心里很介意。还有身上喷的香水，有人喜欢，有人不喜欢，所以你身上的香味有可能会让人觉得不适，给人留下不好的印象。关于这两点，希望你能注意一下。"

✔ "在工作中这样打扮可能会给客户留下不好的印象，所以希望你能改进一下。当然，私底下的时间你可以随你自己的心意、喜好来打扮。"

POINT
- 不被对方不满的态度激怒。
- 只陈述自己希望对方改进的地方。
- 表达自己为什么希望对方改进。

提醒后辈多做力所能及的小事

✖ "这些事情大家也都在做，你也要好好完成啊！"

"你心里是觉得这些工作没什么重要的吧！"

"虽然可能在你看来，这些工作不重要，做不做都无所谓……但是其他同事也都在做，如果只有你不做的话好像不太好，其他同事也都是这么想的。"

POINT
- 不能擅自揣测对方的想法，说一些阴阳怪气的话。
- 说话不要拐弯抹角。
- 不要把"其他人都这么想"作为后盾，会让人认为你在逃避表达自己的意见。

✔ "希望你把扔垃圾和泡茶也作为自己工作的一部分重视起来。这些都是大家轮流来做的，你也要做哦。如果在这些工作上不帮忙的话，以后你在工作的时候，可能也得不到周围人的帮助的。"

POINT
- 表现出希望对方帮忙的态度。
- 向对方陈述做本职工作以外的事情的意义是什么。

126

提醒把公共空间弄脏的同事

✖ "这是公共空间，用完要收拾干净啊。这是常识吧！"

"好好打扫干净啊！"

POINT • "好好打扫""收拾干净"的标准是因人而异的。这样暧昧不清的描述，无法让对方理解。

✔ "公共区域是所有人一起用的，所以要注意保持卫生，让大家用起来都能舒心。例如在厕所里，你个人的东西要收好，放在固定的地方，不要乱放。洗脸台周围的水珠要擦干净，不要留下头发之类的东西。茶水间，用过的杯子不要随手放，用完之后就收拾好。咖啡豆如果只剩三分之一左右就及时补货。这几点希望你能多加注意。"

"有时客户也会用公司的洗手间，如果洗手间很脏的话，会给客户留下不好的印象，所以希望你也能维护好洗手间的卫生。"

POINT • 向对方明确说明公司的规定。
• 向对方说明必须打扫干净的理由。

劝诫只看业绩、不顾规定的前辈

✖

"××，你做出了这种事，还干了那种事，这都能被允许吗？"（直接顶撞）

"大家都说他这种做法不好哦。"

（用别人的话来逃避）

"×× 前辈好像觉得只要拿出业绩，做什么都无所谓。这样真的好吗？"（背地里到处说人坏话）

POINT
- 就算一味地追究对方的过错，也无法改变对方的行为。
- "大家都这么说"这种说法，反而会让对方感到不快。
- 到处向他人说某个人的坏话，反而会让自己在他人眼中的形象变差。

"××前辈，我有一件事情想要拜托您。您的工作态度，以及工作上的成绩，一定有很多后辈都想要学习。另外，在公司规章制度这方面，希望您也能够好好遵守，做出表率。今天我特地鼓起勇气向您提出这个建议。"

POINT
- 以"有事拜托您"作为开头。
- 先讲述对方的优点和长处，让对方能够以更温和的情绪理解和接受自己的话。
- 最后，真诚地表达出自己想让对方改进的地方。

劝诫情绪总是不好的同事

✕

（在背后）

"×× 真是太差劲了……"

（在背后）

"×× 待人接物真是粗枝大叶啊……"

"×× 总是心情不好，只要有 TA 在场，氛围就会变差呢。"

POINT
- 就算在背后说人坏话，也无法让当事人有所改进。
- 如果不具体说出对方哪个行为有问题，可能会让人觉得自己是在完全否定对方的人格。

"××，虽然有点说不出口，但是有件事情，我心里一直觉得很介意，可以聊一聊吗？有时候工作忙碌，人就会顾不上那么多细节。比如你有时开关抽屉或是开关门的时候，发出的声音会响彻整个楼层。甚至脸上的表情也会变得很不友善，周围人都不敢和你搭话。关于这几点，其他人可能都不太敢告诉你，所以就由我来说了。"

POINT
- 开头要礼貌地问一句"可以聊一聊吗"，获取对方的同意。
- 因为对方做这些事的时候很有可能意识不到自己的行为，所以要让对方先意识到这些问题，接下来再表达你希望对方改进的点。
- 让对方明白自己的行为给周围人带来了什么样的感受。

下属总是喜欢反驳

"××，我发现无论我给你安排什么工作，或是给你什么建议时，你都会反射性地回答'但是''不过''反正'之类的话。当我听到这些话的时候，我会觉得你不愿意接受我的建议。如果你总是这样说话，周围人可能也会变得不愿意倾听你的建议和请求。所以我建议你可以先说一句'说的也是'，先接受对方的想法，然后再陈述自己的意见。"

POINT
- 首先向对方确认事实。
- 再说明对方的用词会给交流沟通带来什么样的障碍。
- 最后表达自己希望对方如何改正。

下属不愿帮忙，只想提早下班

✔️

　　"××，到点下班虽然没什么问题，但是在周围人都很忙的情况下，主动问一句'需不需要帮忙'，有时很有必要。如果你有急事的话，我能理解。但是如果没事的话，要多体贴周围的同事。你也在工作上接受过别人的帮助吧，所以不要只看着自己分内的工作。对于周围的同事，能帮忙的时候还是要多帮忙。"

POINT
- 希望对方怎么做→说明理由→重申希望对方做的事情。以这样的流程来表达，更能让对方听进自己的话。
- 有不少人都认为："到点下班是员工的权利！"所以在陈述理由的时候，要说得更加具体，才能让对方理解。

上司安排了过量的工作

✖

"好的……我明白了……"

（默默承受，最后无法完成惹对方生气）

"为什么要把这么多工作都塞给我啊？！"

（情绪爆发）

POINT
- 默默忍受不合理的工作量的人，只会承受越来越多的工作。
- 在长期积攒情绪之后，一次性爆发，会让人无法理解自己面对的痛苦，反而让人觉得自己的情绪状态不佳。
- 自己的爆发也会激怒对方……

"那我跟您确认一下我要做的工作哦。现在您交给我的工作，分别是……和……和……，这个工作量要在白天都做完比较困难，所以请您告诉我，白天我应该优先做哪一项呢？"

"如果一定要在白天把这些都做完的话，我可以请……和……来帮我一起做吗？"

"我可能无法在今天白天把这些工作都完成，如果能把期限推到明天早上的话，我应该就能做完。请问，把时间限制延长到明天早上吗？"

POINT
- 不要把不满积攒在心里。
- 一定要向对方说明自己在对方要求的期限内能够完成多少进度。
- 明确地说明自己做得到的事和做不到的事，对方也能够了解应该如何派发任务。
- 也可以主动提出替代方案。

下属总是提出同样的问题

✖ "别让我一遍遍重复同样的话啊。一般人说一遍就明白了吧。"

"我也是很忙的！"

POINT
- 可能会让对方认为你不回答只是因为心情不好。
- 可能会让对方误以为你的问题出在"提问的时机不对"，而非"一遍遍问同样的问题"这一行为。

✔ "这个问题你已经问了3遍了，我建议你把它用笔记录下来，不要反复问同样的问题。你向我提问，我当然会回答你，但是你反复问同样的问题，我会担心是不是我传达得不够到位。"

POINT
- 首先，要表达自己希望对方具体怎么做。
- 其次，告诉对方自己被对方反复问同样的问题时，会有什么样的感受。

上司反复改变自己的说法

❌ "这次和上次的说法不一样啊，但是却不敢说出口……"（内心）

"为什么你总是改变主意啊！"

"×× 部长总是随意改变自己的要求和指示，真是不讲道理啊！"（向周围人抱怨）

POINT
- 出现这种情况，有可能是因为上司忘记了自己先前的说法，所以下属不应该一味忍耐。
- 如果不向本人提出这个问题，对方也就无法理解。

✔️ "请让我确认一下。上次您说的是……，而这次的说法是……，所以我按照您这次的要求来做就可以是吗？"

POINT
- 先向对方确认先前的指示内容。
- 再确认这次的指示内容。
- 向对方说明由于对方前后说法不一致可能导致的问题。

✔ 面对容易忘记自己先前说法的上司

"如果前后两次说法不一致的话，会让我觉得混乱，不知道该怎么做。所以，今后我也会像这样跟您确认，您看可以吗？"

✔ 面对经常改变主意，而让自己产生疑虑的上司

"可以请您告诉我更改的原因吗？这样我心里也更好接受，也能够更好地进行后续的工作，麻烦您了。"

面对说法反复变更的情况时

"××部长，我认为在面对客户的时候，如果要对先前的约定进行变更，应该说出一个能让对方接受的理由。这样的情况如果一再发生，对方可能会对我们公司失去信任。"

在不发怒的情况下表达愤怒的方式
邮件篇

近年来，在进行商务活动的过程中，通过邮件来进行交流的场合变得越来越多了。在邮件当中，只能依靠文字这一种表达方式，并且在传达过程中还会出现时间差，无法即时交流的问题，让不少人认为这种交流方式相当困难。

"对方误解了自己真正想要表达的内容""自己在情绪化的时候写下的内容，使双方的关系恶化了""双方的冲突以文字的形式保留下来，让两人的关系变得更加尴尬""因为接收了对方感情用事写下的邮件，而感觉心中不悦"等。大家是否遇到过以上这些问题呢？

愤怒时发送邮件该注意哪些

○ 在发送邮件之前，反复阅读自己写下的内容。

○ 如果事情不急，就等到第二天再发送。

○ 不要被对方邮件中情绪化的内容激怒，冷静地回复对方。

当我们收到令人愤怒的邮件时，容易在一气之下做出情绪化的回复，所以一定要多加注意。

当你向对方提出请求时

✘

关于前几日 ✕✕ 发来的邮件，根据您方提出的方案，我们认为您方完全没有理解我方的意图，让我们感到非常失望。那么，前几日的商讨还有什么意义呢？这样的方案简直完全不像话，请在明天之前重新发一份新的方案书。

- 全文没有分段，导致文章读起来不够清晰。
- 全文都在责备对方。
- "请重新发一份"这样的命令语气不够妥当。

✔

首先十分感谢您方迅速发来了方案书。此次发出这封邮件，主要是想要拜托您方重新发送一份新的方案书。

经过上次的商谈，我方向您方提出了几项要求，但是这些要求并没有体现在我收到的方案当中，因此希望您方可以重新制订一份方案。我方提出的要求放在了附件资料当中，请您在制订方案之前务必确认一遍。

由于后天我司将要就这项方案进行讨论，所以希望您能够在明天下午 3 点之前将方案发送到我的邮箱。非常感谢您的配合。

当自己收到了内容十分情绪化的邮件时

✗

　　此次的邮件，主要是关于我方提案不符合您提出的要求这一问题。

　　我方是按照您的要求来做的，不知道哪里让您失望了。即便如此，如果您不提出更具体的要求和指示，我方是无法制订出符合您要求的方案的。请您务必给出更加明确的修改建议。麻烦您了，十分感谢。

✓

　　对于我方的提案无法让您满意这一问题，我们感到十分抱歉。

　　另外，十分不好意思，为了重新拟订一份符合您要求的方案，可否请您给出更具体的要求和指示。

　　我方会在明天下午 3 点之前给您发一份新提案。届时请您务必重新过目。

- 为了方便阅读，一定要记得分段。
- 善用缓冲语 *，让对方能够更好地接受你所传达的内容。
- "可否请您给出"这样的说法更加委婉，语气更温和。

---

* 所谓缓冲语，是指在向他人提出请求、拒绝对方或是提出问题等对话当中，让说话语气更加温和委婉，让对方能够更好地接受的措辞。例如，"不好意思""麻烦您了""十分抱歉"等。

在发送邮件时需要注意的 8 大要点

（1）不使用模棱两可的表达。

（2）使用不会产生误解的、具体的表达方式。

（3）尽量避免否定对方、责备对方的情绪化表达。

（4）想要表达某种情绪时，以自己作为情感的源头。

✔ **对于本次提出的意见，我感到十分困惑。**

✘ **这次 ×× 提出的意见，让我很失望。**

（5）不被对方的情绪化表达所刺激。

（6）提出请求的时候，善用"不好意思""麻烦您了"。

（7）在一封邮件当中尽量只探讨一个问题。

（8）文字要简洁明了。如果一个段落超过了 3 行就要分段，文字排版要方便对方阅读。

有不少人都会把"十分抱歉"这样的措辞挂在嘴边，但是如果道歉次数过多，反而会让对方内心感到过意不去。所以在交流过程中，也不要表现得过于畏缩。

143

在批评他人时的禁忌

　　批评这一行为，是为了让对方有所成长，行为上有所改善。
　　因此，在批评他人时，如果触及了对方身上无法改善的特质，就很容易发展成人身攻击。所以以下几项内容，在批评他人的过程中是绝对的禁忌。

外貌　　"就是因为你长得不怎么样，所以业绩才会……"

年龄　　"你要是再年轻一点……"

性别　　"女人就是……"

学历　　"我就知道，不是名校毕业的人就是……"

出身地　"……来的人就是有这种毛病。"

PART 7

私人场合中的
表达方式

在日常生活中，越是与自己亲近的人，越是容易向对方发泄怒火。

本章将列举一系列的具体事例，让你在"不知该说什么"的场合，也能够顺利地与对方进行交流，避免不必要的冲突。

向自尊心强的上司或前辈提建议

❌ "你说得不对吧？！"

POINT · 如果一味地指责对方，只会让对方越发不愿意道歉。

✔ "×× 是这样想的啊。但是我是这么认为的。"

POINT
· 如果一味地批判对方，两人只会陷入无谓的争吵。
· 自己不能被愤怒情绪所支配。
· 以"我"为主语，作为出发点，去表达自己想说的话。

如果表现得畏缩，那么对方的攻击性会变得更强，因此态度上要不卑不亢。

过错方拒不道歉

"明明就是你的错，为什么就是不道歉呢？！"

POINT · 被责备之后，对方心中的防御情绪会驱使对方进一步发动攻击。

✔ "关于这件事，我需要你的一句道歉。"

POINT · 对方的攻击会变得无力。

有时候，认清对方就是不会道歉，不要继续做无谓的消耗也是十分重要的。

147

因外貌被言语攻击

❌ "你为什么要说这种话？！这是性骚扰吧！"

（反应过度）

✔ "你会说这种话，真是让我失望。原来你一直都是这么想的。"（轻描淡写地回应）

POINT
- 评论年龄和外貌，都是十分幼稚的行为，最好不要触及。
- 对男性来说，被说"秃头"也是同样会伤害对方自尊的，也请多加注意。

无意间伤害到别人

❌ "……"
（什么都不说，只在心里默默地留下了内疚的情绪）

✔️ "先前对你说了伤人的话，真是对不起。"
"我一直担心当时说的话会伤害到你。"

❌ 因为负罪感，而主动避开对方。

✔️ "前段时间，因为我说的那句话让你觉得受伤了，真的非常抱歉。"

POINT
- 不要放任不管。
- 如果觉得内疚，就用语言表达出来。
- 如果不把自己的心情化作话语，那么对方就无法感知到。

别人问："你还是不打算生孩子吗？"

✖

"嗯……还没有……"（内心默默责备自己）

"我不生孩子有什么问题吗？！"（反应过度）

✔

"还没有。"（当作没听到）

"这是我们夫妻的私事，请你不要打听可以吗？"

POINT
- 如果反应过度，只会带来负面的效果。
- 切勿责备自己。

当亲属问出"还不打算生孩子"时

❌ "……"（默默忍受）

"请你别问这种事。"

"生不出孩子又不是我一个人的问题！"

✅ "关于这件事我们夫妻俩有自己的想法，如果有消息了会通知您的。"（圆滑地回应）

"既然是婆婆您问的，我就直说了。其实，我们现在正在接受针对不孕不育的治疗，情绪上会有一些痛苦，所以请您多包容包容我们。"

POINT
- 学会与对方分担，就不会积攒压力。
- 有时对方的询问并非带有恶意，因为不放在心上也是一个明智的选择。
- 如果内心感到压力，实言相告也是可以的。

离婚后，面对"失败"的评价

❌

"我确实很失败，孩子也被我连累了。"

"和你有什么关系？！"（内心责备自己）

✔

"这是我深思熟虑后做出的选择，我并不觉得是失败。"

"关于孩子，我也有经过充分的考量。你这样说我，真是伤人。"

POINT ・ 要认识到把"离婚"与"失败"，以及"孩子的不幸"画等号，只是说话人自己的想法。
・ 如果十分介意对方的话，应该真诚地表达出自己的感受。

有时"真不容易啊"也会变成禁忌话语

　　我曾见过一位有全职工作同时还养育了3个儿女的女性。当我与她交流时，深深体会到她的辛劳，于是忍不住感慨："一边养育3个儿女一边还要工作，真是太不容易了。"

　　听了这句话，那位女性是这样回答的："虽然我确实常常感到辛苦，但是听到你这样说，我心里却又不太甘心承认自己不容易呢。"

　　紧接着她解释道，当初有人在她的孩子面前对她感慨了一句"你真是太不容易了"，听到这句话，孩子一脸伤心地问她："是因为我的存在，才害得妈妈这么辛苦吗？"

　　听到孩子的这句话，她觉得十分惊讶。

　　自那以后，每当有人感慨她生活很辛苦时，她都会回答："虽然很忙碌，但是因为有这3个孩子，我也觉得十分快乐和幸福。"

　　有时候我们不经意间的一句话，也会让人感到受伤。

　　所以我更愿意对他人说一些乐观、正面的话语。

朋友说"你最近胖了不少"时

✖ 板起脸来，默默忍受不快的情绪

"为什么要说这种话呢？你总是对我说这么伤人的话！"

POINT
- 如果不说出你感到不快的原因是什么，对方无法理解你的心情。
- 有时对方并不"总是"这样的。
- 说出"总是"两个字，可能会让对方感觉到自己的人格被否定。

✔ "欸，我最近很介意这一点，被你这么一说有点受伤呢。"

POINT
- 表情略带认真地说。
- 说完之后无须再进一步表现出不悦的情绪。

"当初我要是坚持，现在也能和你一样"

"是吗？但是当初是你自己要辞职的吧，为什么事到如今又说这种话呢？！"

（在心中产生的排斥情绪）

随意附和两句："是啊……"随后马上转变话题："话说回来……"

"是啊，你如果当初继续做下去，肯定也能做到这个水平。不过我能有今天，也付出了长期的努力。"

POINT
- 当对方出于嫉妒说出讽刺的话语，不与其进行言语上的交锋也是一个选择。
- 只要表达出自己也做出了努力即可。

155

心爱的物品被家人自作主张扔掉

❌
"为什么自作主张地就扔了呢！别做这些多余的事！"

POINT
- 模糊了自己想要探讨的重点。
- 连对方进行打扫这个行为本身都被否定了。

✔
"谢谢你帮忙打扫。不过当时你是不是把我的东西给扔了？那对我来说是很重要的东西。希望你下次要扔之前，可以先问问我。"

POINT
- 首先对于对方帮忙打扫的行为，要表达感谢。
- 坦诚地表达出自己的情绪，就不会让这件事成为心中的一根刺。
- 向对方传达自己希望对方怎么做。

伴侣擅自决定了一些重要事项

✖️

"为什么不和我商量就决定了？！你这个人真是太自作主张了！"

"你根本就不在乎我的意见吧？！"

POINT
- 不听对方的解释，一味地责备对方。
- 切忌否定对方人格。
- 即便是闹别扭，也无法让对方理解自己的心情。

✔️

"买 ×× 是关系到全家人的重要事情。我希望你能提前和我商量一下。你这样没有和我商量就擅自决定了，让我觉得很难过。"

POINT
- 具体说明自己希望对方怎么做。
- 表明自己的难过、震惊之情是从何而来的。

想让 4 岁的孩子不浪费食物

❌

"怎么又剩下了！你总是会剩饭吧！！都养成坏习惯了！"

POINT
- 如果过于情绪化，本可以传达给对方的话语也会传达不到。
- 容易让对方产生逆反心理，或是对自己感到畏惧。

✔

"×× 把妈妈做的饭都剩下了，妈妈觉得好伤心啊。你总是剩饭，要是以后长不大了怎么办？妈妈感觉好担心呀。所以妈妈希望你能把饭都好好吃完，好不好？"

POINT
- 用孩子也能理解的语言，坦诚地表达出自己的心情。
- 表达出了自己真实的心情，对方也更容易接受你的建议。

想让邻居遵守社区规定

❌

"像你这样随便扔垃圾，会给别人添麻烦的！"

"就是因为有你这种人，大家才会觉得这么
头疼！"

✔️

"社区有规定纸箱需要折叠起来再扔。所以
可以请你扔之前把它折起来吗？"

POINT　　• 简洁明了地表达自己的诉求。
　　　　　　• 用平静、温和的语气说明。

劝诫不守秩序的陌生人

✖

发出不满的啧啧咂嘴声，或是斜着眼瞪人

"别挡在这种地方啊！"

"让开！真碍事！"

不把事情扩大化，所以选择无视

✔

"不好意思，可以让我过去吗？"

"请问可以把位置让给这位吗？"

"不好意思，请您往那边挤一挤，给这边腾

出一点地方可以吗？"

POINT
- 说出自己的需求。
- 无须特地开口批判违反公共秩序的人。
- 通过语言让对方理解自己的需求，并配合自己。
- 善用"不好意思"这样的礼貌用语。

被追问自己不想回答的事情

❌

"这件事和你有什么关系？！"（厌恶）

"……（居然问别人这样的问题，真是没礼貌）……"（在心中留下芥蒂）

✔️

"我不太想说这件事。"（一笔带过）

"这是个秘密。"（开朗俏皮地）

"这是我丈夫（妻子）自己的事，我也不太清楚。"

POINT
- 不把问题扩大化，轻描淡写地一笔带过。
- 迅速转移话题。

"生了孩子才算是完整的女性"

✖

"会说这种话的人才有毛病呢！"

"原来我在别人眼中算不上一个完整的女性……"（沮丧过度）

POINT
- 如果对对方发怒，只会引起无谓的争吵，给自己带来不好的感受。
- 这并非自己的过错，所以无须责备自己。
- 这件事在心中留存的时间越久，越会给自己带来精神上的压力。

162

✔️ 自己是对方口中的当事人

"我既然做出了不生孩子的选择，必然也会自己承担起责任。我觉得不生孩子，并不会磨灭我自身的价值。希望你也不要随便地下定论。"

✔️ 自己不是对方口中的当事人

"我不认同'生了孩子才算是完整的女性'这种说法。这种话可能会伤害到那些想要孩子却又无法生育的女性，以及那些选择不生育的女性。"

POINT
- 不被对方有失偏颇的观念给激怒。
- 无须变得情绪化。
- 坦率地表达自己的意见。

面对不想聊的话题时

"××，你的话太多了。"

"……（因为××一直在说话，我都没有机会说自己的事情）……"（内心感到烦躁焦虑）

"是这样啊。话说回来……"

"啊！说到这个……"

"原来还发生了这样的事情啊。××，你呢？"

（把话题抛给其他人）

POINT
- 不着痕迹地转变话题。
- 把话题抛给其他人，更容易止住对方的话头。

伴侣从不帮忙做家务

❌

"为什么你这个人从来不帮忙做家务呢？！"

"你是觉得家务就是女人分内的工作吗？！"

"你倒是帮点忙啊！真是不懂得体贴人！"

✓

"我现在在厨房腾不出手，可不可以帮我把洗好的衣服叠了？"

"早上我要忙着帮孩子准备上学的东西，如果你能帮我把垃圾带出去扔掉就好了。"

POINT
- 要理解对方并非出于恶意。
- 告诉对方你希望对方做什么。
- 不要一味地指责伴侣不帮忙的行为。

劝诫插队的人

❌

"你没看到我还排在这儿吗？"
（摆出指责的姿态）

"麻烦你不要插队好吗？"（语气强硬）

"好好排队！"（大声怒骂）

POINT
- 如果自己过于情绪化，会让对方觉得窘迫，引起对方的逆反心理。
- 容易演变成两人的对骂。

✅

"不好意思，我排在这里的。队尾在后面哦。"（语气平稳）

POINT
- 对方有可能没有注意到你正在插队。
- 平静地向对方说明你正在排队。

对餐桌上已经凉掉的食物表示失望

✖

"我说，奶汁焗菜应该是热的吧？为什么这份都已经凉了？！这不应该吧？！"

POINT
- 这样的语气会使工作人员心生不满，不愿意妥善应对。
- 容易被人当作故意找碴儿的客人。

✔

"不好意思，你刚刚端上来的奶汁焗菜已经不热了，可以麻烦你拿回去重新加热一下吗？"

POINT
- 用温和的语气把自己的需求传达给对方，让对方能够心情平和地应对你的需求。
- 说清楚自己的需求。

商场店员态度恶劣

❌

"那是什么态度啊？！"

✅

"刚才接待我的那位店员的说话方式，还有工作态度都很粗暴，让我心里觉得很不舒服。当时的情况是这样的……这让我觉得很不开心，所以想让你了解一下。"

"我本来心里是非常期待的，但是现在觉得很失望。"

POINT
- 不要直接与态度恶劣的店员沟通，找别的店员解决。
- 冷静地告诉对方具体的事实和自己的感受。

下单的食物迟迟不上菜

✖

"要让我等到什么时候啊？！"

"你们是怎么教育员工的？给我道歉！"

POINT
- 向对方发脾气并不能解决问题。
- 请勿用愤怒情绪控制对方。

✔

"我点完菜已经 20 分钟了，可以请你们尽快上菜吗？"

"我下午 1 点还有安排，所以可以麻烦你尽快出餐吗？"

POINT
- 向对方说明事实情况。
- 坦率地表明自己的需求。

当小小的愤怒不断堆积，最终会使人对于对方的存在本身感到厌恶……

"我讨厌我的伴侣！""我讨厌我的工作！""带孩子的每一分钟都很痛苦！"当内心的愤怒不断堆积，我们就会对那些给自己带来压力的对象"存在本身"感到厌恶，产生"全盘否定"的心理，而并非集中在具体的某一点或某件事，许多向我咨询的人都有过这样的感受。

当我们去具体地分析每个案例，如"讨厌自己伴侣"的人，往往是因为"伴侣不帮忙带孩子""伴侣不愿意戒烟""伴侣不听我说话"……这些具体的问题一件件堆积在心中，不满变得越来越大，最终变成了"讨厌伴侣这个人"的情绪。

你是否也有过这样的心情呢？
当小小的愤怒在心中反复堆积，变成巨大的厌恶时，先好好梳理这些厌恶的具体来由，找到其原因，再去考虑具体的解决方法吧！

170

PART 8

控制愤怒情绪的
11 种方法

　　本章将会介绍一些具体的小技巧，让你在愤怒涌上心头时，迅速冷静下来。另外，还有 4 个改善易怒体质的方法哦！

控制愤怒情绪的方法

想要控制自己的愤怒，主要有两个方向，分别是在感到愤怒的当下控制住情绪的"小技巧"和从根源上改善易怒体质的"体质改善法"。

小技巧

- 让自己不被愤怒情绪支配。
- 切勿让自己陷入无谓的骂战当中。
- 让自己在感到愤怒的瞬间控制住自己。

这些小技巧就像是当你感到不舒服的时候，需要服用的药物。

虽然有许多不同的说法，但是专家认为愤怒情绪的高峰只维持 6 秒。

体质改善法

- 为了改正自己易怒的问题需长期付出努力。
- 让自己变得更包容。
- 当你想要变得不那么易怒时，可以尝试这些方法。

使用这些方法控制自己的情绪，就像是为了让身体变得不易生病，而服用中药补品，改善饮食，等等。

首先，要牢记在愤怒当下所需的小技巧，其次再去慢慢地改善自己的易怒体质。愤怒管理是一种针对自己内心的训练，随着自己的一次次实践，掌握方法，效果就会逐渐呈现。

把愤怒程度数值化

通过把愤怒程度数值化来客观把握愤怒情绪的强烈程度。

效 果
- 防止自己被愤怒情绪支配。
- 了解自己在陷入愤怒时的普遍规律。

0	没什么愤怒的感觉
1~3	虽然有点不爽，但是很快会忘记
4~6	过了一段时间还是会在心里有芥蒂
7~9	会让人气血上涌的强烈愤怒
10	自己认为绝对无法忍受的剧烈愤怒

具体步骤

1 当你感到愤怒时，脑中先思考从 1 到 10，自己的愤怒情绪处在哪个层级。

> 现在的愤怒值是 5！

2 当你开始为自己的愤怒划分等级时，愤怒情绪会无意识地被打断。

> 当下属反复犯同样的错误。5 分。我还挺生气的嘛。

> 电车没有准时到站。1 分。确实也没什么大不了的。

3 当你能够客观地看待自己的愤怒情绪时，你的大脑就会冷静下来。

> 正因为愤怒情绪是无形的，所以我们才会不知不觉地被它所控制。当我们把愤怒情绪数值化之后，就不容易被它牵着鼻子走啦。

停止自己的思绪

当愤怒情绪出现时,停止自己大脑中的思绪,防止自己被愤怒支配做出不理智的行为。

效 果
- 冷静地思考该如何处理。
- 清空自己的愤怒情绪。

必须长期实践,直到自己熟练掌握这些技巧。

具体步骤

1 　在感觉到愤怒时，内心大声提醒自己"停止"。

> 停止!

2 　紧接着在大脑中想象出一张白纸。

3 　让自己的内心平静下来之后，冷静地思考接下来该如何应对。

> 接下来该怎么做呢?

离开现场

当快要控制不住自己的情绪时，让自己远离带来愤怒的地点或场景。

....

效 果
- 当自己离开那个地点时，自己的情绪会被重置。
- 可以有效防止现场的氛围继续恶化。

离开之后，也不能对着物品出气，
或是大声喊叫来发泄愤怒哦!
这样做只会让你的情绪更加高涨。

具体步骤

1 　　如果你觉得继续留在原来的环境中，会让自己的愤怒逐渐失控，应该及时离开现场。

2 　　如果现场有其他人在，需要向对方说明自己会回来，例如"我去一下洗手间，马上回来"。

3 　　离开现场后，为了让自己平复心情，要深呼吸。

倒数数字

具体怎么做?

　　在感到愤怒的时候，在大脑中从 100 开始以某种规律进行倒数，如"100、97、94……"

效果

- 当你集中于数数的时候，就能防止自己做出冲动的行为。

具体步骤

1 在感到愤怒的时候，头脑中想象出一个较大的数字，如"100"。

100

2 想出一种倒数的规律，这种规律最好能够让你分散一些注意力去进行计算，如"100、97、94……"

100、97、94……

3 将自己的注意力集中于数数的过程，就能够控制自己的感情。

4 如果始终用同一种规律进行倒数，大脑就会形成习惯，控制情绪的效果就会减弱。所以时不时要改变一下倒数的规律哦，如"100、94、88、82……"

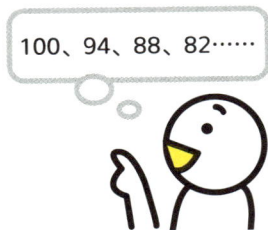
100、94、88、82……

呼吸放松法

具体怎么做?

当你感到愤怒时，慢慢地进行腹式呼吸，可以让你的心情得到平复。

......

效果

- 深呼吸能够激活人体内的副交感神经，舒缓人的心情。
- 让你的愤怒情绪逐渐消散。

吐气的时间越长，舒缓身心的效果就越好哦。

具体步骤

1 在你感到愤怒的瞬间，大口地从鼻子吸气，而后短暂地憋气。

2 慢慢地从嘴巴吐气。

3 将以上动作重复2~3次。

4 建议保持"吸气4秒，吐气8秒"的节奏。吐气时间稍长一些效果会更好。

内心默念平复心情的话语

在你感到愤怒时，对自己默念一些能让自己心情平静下来的话。

效果

- 在心里对自己默念一些特定的话语，能够缓和情绪。
- 情绪缓和之后就能够冷静地应对眼前的状况。

具体平复心情的话语，建议在日常生活中多多留心，自己去寻找。有人会在生气时反复默念自己最爱的狗狗的名字哦。

具体步骤

1 例如，当你面对不合理的事情，感到愤怒时，不要立刻开始与人进行争吵。

2 先在自己心中默念能让自己冷静下来的话语。

> 算了，算了。

> 没关系的。

3 重复几遍之后，高涨的情绪就会被平静下来。

将注意力集中在当下

　　这个方法不仅能够让自己从过去的愤怒当中解脱，还能够减轻对于未来的消极情绪，让自己能够着眼于当下。

效 果

- 让自己从长期的愤怒情绪中解脱出来。
- 适用于对愤怒的经历耿耿于怀的人。
- 有效缓解对未来的消极情绪。

推荐人群：心里时常浮现出"以前被那个人伤害过，等到下次见面要好好教训 TA"的想法的人。

具体步骤

1　当你对于过去发生的事感到愤怒，或是对于未来产生糟糕的设想时，可以拿起一样出现在眼前的物品。

2　仔细观察这件物品。

这是什么颜色？这是什么形状？这是哪个品牌？

3　此时，你就会不知不觉地回到当下的场景当中。

对了！开始工作吧。

记录下自己的愤怒情绪

这是什么方法?

　　当你感到愤怒时，将事情发生的时间、地点和原因记录下来。

效 果

- 把事情经过记录下来之后，就能客观地看待这件事。
- 能够发现自己愤怒的规律，比如会在什么时候感到愤怒等。

最后结合给自己的愤怒程度打分的方法，就能够更加准确地掌握自己的愤怒情绪。

具体步骤

1 一旦发生了让自己感到愤怒的事件，在当天就及时进行记录。

2 记录下事情发生的时间、地点、来龙去脉，以及自己内心的感受。

3 给自己的愤怒程度打分，在 10 分满分的情况下，审视自己的愤怒值有几分。

4 当你再次因为同样的原因感到愤怒时，就会意识到自己愤怒的规律，并且冷静地做出应对。

梳理出自己内心的"原则"

梳理清楚自己内心的原则,并将其写下来,这样就能大致掌握自己的价值观,了解自己感到愤怒的根本原因。

效果

- 明确内心的信条以及自己坚持的原则。
- 明确了原则,就知道会因什么而感到愤怒。

在职场以及在家庭,朋友之间还有公共场所,让我们将自己在不同场景下的所坚持的"原则"具体明确地写下来吧。

具体步骤

1 　　回忆自己脑中出现过的各种各样的原则。

2 　　将自己能想起的原则，全部用文字记录下来（最好能通过准确的数字，或是细致的说明将其具体化）。

集合时至少需要提前10分钟到场。

3 　　当愤怒涌上心头时，会想起与事件相对应的内心原则。

后辈应该主动向前辈打招呼，不应该在电车上化妆。

4 　　通过了解自己内心的原则，就更能够理解他人内心也会有不同的原则。

记录自己的心理压力

将自己的压力分为 4 个板块，将其可视化。

效 果
- 有助于整理自己的思绪。
- 区分可以控制的压力与无法控制的压力。
- 对于不受自己控制的事物，减轻内心无谓的愤怒。

具体步骤

1 写下让你感到愤怒的事情，以及让自己产生压力的事情。

2 通过两个问题，将自己内心压力和愤怒的来源区分为 4 个板块。
两个问题分别是：① 自己是否能够改变这种情况；
　　　　　　　　② 这件事对自己来说是否重要。

3 将不同的事情放入以下表格中。

可改变 可控制	无法改变 无法控制
重要 下属反复犯同样的错误。 这是可改变的、重要的事。为改变这一情况确立具体的行动计划，何时通过何种方法做出何种程度的改变。	**重要** 接到客户的投诉电话。 这是无法改变的、重要的事。接受现状，加以应对*。
不重要 自己的书桌上文件堆积过多。 这是可改变的、不重要的事。重要性不高，无须优先处理，可以在时间宽裕的情况下着手应对。	**不重要** 通勤的电车上过于拥挤。 这是无法改变的、不重要的事。开解自己，无须因此产生压力。

* 接受现状，并不意味着一味忍耐，而是让自己不再一味地纠结于"为什么就是无法改变呢？！"这种想法，不再持续产生心理压力，避免激化内心的愤怒情绪。为了达到这个目标，需要自己主动接受现状，积极思考自己能做什么，自己该怎么做。这并不是忍耐，而是"判断和选择"。

有氧运动

通过活动身体，来缓解压力，达到放松身心的目的。

....

效 果

- 通过让大脑释放出内啡肽和血清素，来缓解压力。
- 通过拉伸和有氧运动来舒缓身心。

过于激烈的运动，反而可能增加压力哦。

酗酒、暴食、赌博等行为是无法起到缓解压力的效果的。

有效的运动

慢跑

散步

游泳

健身操

瑜伽

拉伸

太极拳

后 记

我开始了解"愤怒管理"这一概念，源于和日本愤怒管理协会代表理事安藤俊介先生的相识。

那时，我恰好在担任各种入职教育的负责人，许多公司职员曾为人际关系的问题向我进行咨询。其中，如何应对愤怒情绪的问题，始终是我思考的一大重心。

纵然，对于如何批评教育他人，或是如何表达感情等问题，我在当时也给出了一些建议。但针对"愤怒情绪的本质是什么"或是"如何应对自己内心的愤怒情绪"等系统的知识，我并未有过深入学习。于是，我产生了这样的想法：如果我能够在这一方面提供更多的知识，一定能给出更加确切且恰当的建议吧。

于是在愤怒管理协会成立后，安藤先生对我进行了愤怒管理相关的系统的指导。就在那时，我感觉到我脑中想要不断完善的专业知识当中的最后一块拼图，终于被拼上了。

不愿意被自己或他人的情绪所支配，但却不知该怎么解决，导致压力不断累积，甚至开始自我厌恶……

我也曾陷入这样的境况之中。

在离婚之后，我为了平衡工作和育儿，经历了一段非常辛苦的时期，内心时常感到愤怒和烦躁，有时候甚至会在自己珍爱的儿子与家人面前流露出这一面。

　　每个人内心都会产生愤怒情绪。

　　正因为我自己也有过这样的经历，所以对于那些"想要和自己的愤怒情绪和谐共处""想要对自己的情绪负责，更好地接纳自我"的人，我想要给予专业的支持。出于这个目标，我在各类入职培训当中都融入了愤怒管理相关的内容。

　　另外，作为愤怒管理协会当中担任宣传角色的成员，我也有幸成了导师养成讲座的负责人。迄今为止，在全国各地已经诞生了多位导师，今后我也将与这些导师一同继续为愤怒管理知识的普及而努力开展活动。

　　在我写作本书的过程中提供了诸多帮助的代表理事安藤俊介先生，日本神吉出版社的山下津雅子常务，以及在写作期间如同恋人一般陪伴在我左右，不断激励我的星野友绘女士，再次向各位表示由衷的感谢。

　　另外还要感谢在我写作过程中，提供了诸多建议的我的好友塚越友子女士、盐井结美子女士，谢谢你们。

　　最后，感谢始终守护着我的父亲，还有直到最后都给予我最大理解的去年亡故的母亲。除了出版方，我还想感谢在我高强度的工作期间，始终支持我的丈夫和儿子。

　　谢谢大家。

户田久实

2015 年 5 月

参考文献

- 安藤俊介著《该拿我的愤怒怎么办？愤怒管理指导书》（自由出版社）
- 安藤俊介著《让你的愤怒瞬间消失：不发怒的思维训练》（KK 畅销书出版社）
- 马修·麦克凯、彼得·D．罗杰斯、朱迪思·麦克凯著《愤怒管理手册》（明石书店）
- 森田汐生著《如何表达你的感受》（妇女之友出版社）
- 植木理惠著《白熊心理学》（新潮文库）
- 安妮·迪克森著《一个拥有自己权利的女人》（柘植书房新社）
- 平野有朗、直井章子著《让魅力讲师来教你！商务邮件实践教室》（日经 BP 社）
- 日本愤怒管理协会讲义

作者介绍
户田久实（Kumi Toda）

Adot communication 股份有限公司社长。

日本愤怒管理协会理事。从立教大学毕业后，就职于大型企业，后成为企业入职培训讲师。她曾在银行、制药公司、综合商社及电信公司等大型民营企业及政府机关，以"有效的沟通术"为主题开展过演讲与培训。其受众范围十分广泛，涵盖了公司职员、中高层管理者、企业领导等。

拥有 27 年的讲师经历。尤其擅长通过强化人的语言表达能力解决人际关系方面的繁难，在这方面有着很高的评价。每年指导 5000 多名学员，迄今为止累计指导学员已高达 22 万人。

由她担任理事一职的日本愤怒管理协会，共计约有 8 万名学员，被登记为导师、儿童讲师的成员就已超过了 2100 名。同时，她在愤怒管理协会当中，还担任了导师育成、技能提升学习会的讲师一职。

著作有《从零开始学习客户服务》《阿德勒的一流沟通术！沟通只需 1 分钟》。